JN081072

はじめに

ネコの存在は私たちの心を癒し、
生活を豊かにしてくれます。
ネコの写真とそれにまつわる英語を
楽しみながら、ネコたちに関わる
英語表現を自然に覚えていきましょう。
本書を通して、ネコとともにある
生活がより楽しく心温かいものに
なりますように。

写真：A_Skorobogatova/Adobe Stock, yu_photo/Adobe Stock, Andrey Kuzmin/Adobe Stock, ramustagram/Adobe Stock, 章吾 馬場 /Adobe Stock, gumpapa/Adobe Stock

Contents

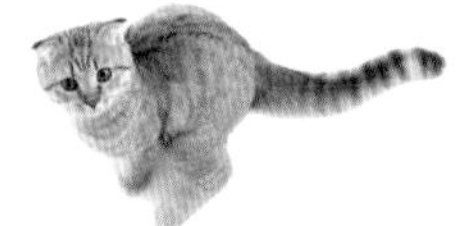

写真：Andrey Kuzmin/stock.adobe.com

電子版を使うには

本書購読者は電子版を
無料でご使用いただけます！
本書がそのままスマホで
読めます。

**電子版ダウンロードには
クーポンコードが必要です**

詳しい手順は下記をご覧ください。右下のQR コードからもアクセスが可能です。

電子版：無料引き換えコード
PQXA8

ブラウザベース（HTML5 形式）でご利用いただけます。

★クラウドサーカス社　ActiBook 電子書籍です。

●対応機種
- PC（Windows/Mac）
- iOS（iPhone/iPad）
- Android（タブレット、スマートフォン）

電子版ご利用の手順

❶コスモピア・オンラインショップにアクセスしてください。（無料ですが、会員登録が必要です）
https://www.cosmopier.net/

❷ログイン後、カテゴリ「電子版」のサブカテゴリ「書籍」をクリックしてください。

❸本書のタイトルをクリックし、「カートに入れる」をクリックしてください。

❹「カートへ進む」→「レジに進む」と進み、「クーポンを変更する」をクリック。

❺「クーポン」欄に本ページにある無料引き換えコードを入力し、「登録する」をクリックしてください。

❻ 0 円になったのを確認して、「注文する」をクリックしてください。

❼ご注文を完了すると、「マイページ」に電子書籍が登録されます。

音声ファイル一覧

ページの右下や左下に、1ページごとにAudio番号が示されています。

音声ダウンロードの方法

音声をスマートフォンや PC で、簡単に聞くことができます。

方法1 スマホで聞く場合

面倒な手続きなしにストリーミング再生で聞くことができます。

※ストリーミング再生になりますので、通信制限などにご注意ください。
また、インターネット環境がない状況でのオフライン再生はできません。

このサイトにアクセスするだけ！

http://tiny.cc/ef91vz

❶ 上記サイトにアクセス！

❷ アプリを使う場合は SoundCloud に アカウント登録（無料）

方法2 パソコンで音声ダウンロードする場合

パソコンで mp3 音声をダウンロードして、スマホなどに取り込むことも可能です。
（スマホなどへの取り込み方法はデバイスによって異なります）

❶ 下記のサイトにアクセス

https://www.cosmopier.com/download/4864541848/

❷ 中央のボタンをクリックする

音声は PC の一括ダウンロード用圧縮ファイル（ZIP 形式）で、ご提供します。解凍してお使いください。

ネコの1日

寝て食べて飲んで、舐めて排泄をして、という原始的欲求のままに気ままに生きているように見えるネコちゃん。ひとりでいる場合と複数のネコやイヌと同居している場合では、また行動も違ってくるでしょう。よく見かけるネコの一日を追ってみましょう。

写真：ramustagram/stock.adobe.com

そろそろ、起きよっか
I think it's time to get up.

関連表現

目は覚めているけれどもふとんから出たくない人を起こす場合にはGet up!、完全に眠っている人を起こすときにはWake up!

人が起きて、ネコにも朝がやってくる場合もあれば、ネコに起こされて人に朝がやってくる場合もあります。

お腹がすいたよ ご飯をちょうだい
I'm hungry. Please give me some food.

朝食を作っていると、**I can't stand it. [I can't wait.] I need food now!**「我慢できないよ。早くご飯をちょうだい」とばかりに、爪を服の上に引っ掛けておねだりを始めます。

写真：上 SetsukoN/iStockphoto,
下 Yuko Sakamoto

むしゃむしゃ
Munch, munch.

キャットフードには、缶詰タイプの **wet (cat) food** と乾燥させた **dry (cat) food** があります。缶入りのキャットフードは、**canned (cat) food** と言います。ドライタイプのものは **It makes a crunching [cranchy] sound.**（カリカリと音を立てて食べます）。

関連表現

The cat makes a crunching sound when he eats dry food.
ネコがドライタイプのキャットフードを食べるとき、カリカリと音がする。

ペロペロ
She's lapping (up) the water.

せっかく容器に水を入れてあげても、お風呂や水道の水をペロペロと飲むことがあります。

関連表現

I put fresh water in her dish/bowl.
新鮮な水をボウルに入れてあげる。

写真：上 Svetlana Sultanaeva/iStockphoto, 下 Taalulla/iStockphoto

ちょっと失礼！
He pees in his litter box.

「おしっこをする」は **pee**、「うんちをする」**poop** で表します。ふたつとも幼児語です。排泄をすることは婉曲に **use his/her litter box** とも言います。「砂箱（トイレを）を掃除する」は **clean the litter box** です。

お散歩だよ
I'm taking a walk.

ハーネスとリードをつけて、お散歩に出かけます。この凛々しい姿は、YouTube でおなじみ「ももと天空」の天ちゃんです。（→ *p*.110）

関連表現

I put a harness and leash on the cat and take him/her for a walk.
ネコにハーネスとリードをつけて散歩に連れて行く。

 写真：上 w-ings/iStockphoto, 下：「ももと天空」

かまってちゃん、ゴロゴロ
Please hold and pet me. Purr...

ゴロゴロという音は**purr**で表します。ネコが機嫌がよく、幸せな気持ちでいるときには、中低音でゴロゴロという音を出します。

お昼寝タイム。zzz
It's nap time.

暖かな日差しの中で、幸せなお昼寝の時間です。

関連表現

He is sleeping comfortably and soundly [in a comfortable, unguarded position].

気持ちよさそうに無防備に寝ているね。

写真：上 MarioGuti/iStockphoto, 下 VladimirKhodataev/iStockphoto

一緒に遊ぼ！

Let's play together!

一緒に飼われている仲の良いネコとはいつも一緒に遊んでいます。

関連表現

He's jumping! I wonder what he's trying to catch.

ジャンプしてる！ 何を捕まえようとしているのかな。

おやつ、おいしい

This snack is really delicious.

delicious のかわりに **yummy** でも OK。どのネコもチューブ入ったとろ～りとした食べ物が大好き。どんな秘密があるのでしょうか。

関連表現

Why do all cats love these treats in tubes?

なぜどのネコもこのチューブに入ったおやつが大好きなのでしょうか。

05

写真：上 FurryFritz/stock.adobe.com, 下 yu_photo/stock.adobe.com

ひと息ついたね
She takes a rest.

ひと息ついて静かになってくれたのはいいけれども、膝の上でこんな格好をされたら動けなくなってしまうよ。

関連表現

I can't move because the cat is lying on her back on my lap.
私の膝の上に仰向けになって寝ているから、動けない。

僕も食べたい！
I want to eat [want] some, too.

食べたいものがあると、強引に手を出してきて、止めて止めても言うことを聞かないことがあります。

写真：上 Alena Ozerova/stock.adobe.com, 下 cattosus/iStockphoto

06

もうひと遊び
They wrestle playfully.

関連表現

Cat siblings are really close.
兄弟ネコは本当に仲がいいね。

ネコも1匹でいるよりも、じゃれ合う相手がいたほうが、きっと幸せ。

一緒に寝ようか
Shall we sleep together?

心を許した相手とは、安心して一緒に寝ます。

関連表現

It feels warm to sleep with a cat in winter.
冬はネコと一緒に寝るとあったかいね。

写真：上 A_Skorobogatova/stock.adobe.com, 下左 MHjerpe/iStockphoto, 下右 Yuko Ueno

Part 2

ネコのいろいろ何でも

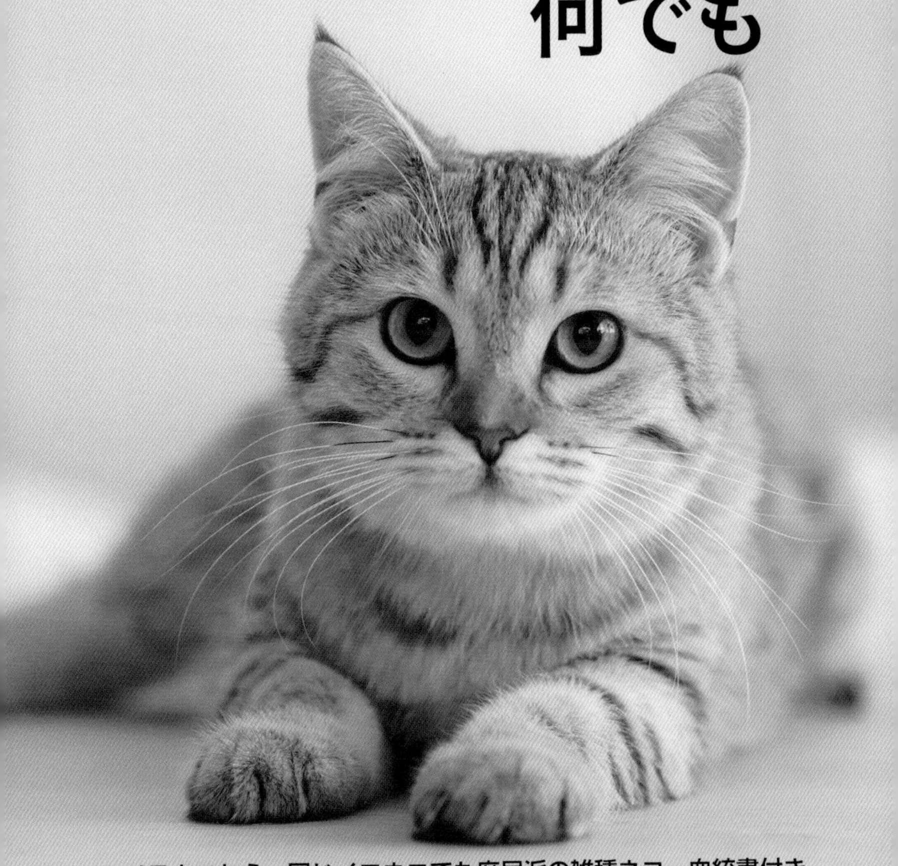

ノラネコから、同じイエネコでも庶民派の雑種ネコ、血統書付きのネコまでいろいろな種類と境遇のネコがいます。ここではそんなネコを表す言い方や、ネコの種類や基本的な体のパーツなどを紹介します。

写真：lalalululala/stock.adobe.com

1 庶民派のネコたち

ここではキジトラや三毛などの庶民派のネコをご紹介。保護ネコ出身のネコちゃんも多そうです。一匹一匹に意志を感じることができる個性的なネコちゃんたち。血統書不要の愛らしいさです。

キジトラ

brown tabby

暗い色のシマ柄のネコは、**brown tabby**と言われます。**tabby**は「ぶちの、シマの」と形容詞でも使われますが、**tabby cat**（トラネコ）の意味にもなります。「サバトラ」は明るい色のシマ模様のネコで**silver (mackerel) tabby**です。

三毛猫

calico cat

三毛猫は基本的にはメスです。模様の部分がシマになっているものは**calico tabby**とも言います。**calico**には「まだらの」という意味があります。

左ページの三毛ネコも上の写真のキジトラも耳がピンと立っていますね。このような耳を**straight ears / stand-up ears**と言います。

写真：左 Yuko Sakamoto, 上 Ana Iacob/iStockphoto

茶トラには**orange tabby**のほかにも**red tabby**、**ginger tabby**、**red mackerel tabby cat**などと、いろいろな言い方があるようです。

black catは文字通り黒猫です。毛が黒いと目玉が目立ってかわいいですね。アメリカの詩人、小説家エドガー・アラン・ポーには**"The Black Cat"**という黒猫を主人公にした小説があります。(*p*.126参照)

09

 写真：上 Paylessimages/stock.adobe.com, 下 Azaliya (Elya Vatel)/stock.adobe.com

雑種

mixed breed

イギリスでは**moggy**または**moggie**です。ちなみにネコには使いませんが、雑種のイヌは**mutt**と言います。逆に「血統書付き（のネコ)」は**pedigree (cat)**です。

写真：ES3N/iStockphoto

2 さまざまな種類のネコたち

ネコにはさまざまな純血種の種類があり、それぞれ特有の個性があります。公式には 1871 年にイギリスで始まったキャットショーを通して、純血種の保存や改良がなされたことにより、いろいろな個性をもつ新たな種類のネコたちが生まれてきました。

アメリカンショートヘア

American Shorthair

アメショーという略称で呼ばれる。短毛種。毛の色は多様。

ブリティッシュショートヘア

British Shorthair

イギリス原産の短毛種。

丸顔で瞳は褐色のことが多い。ブルー（灰色）の毛が特徴で、ブリティッシュブルーとも言われる。ロシアンブルーとよく似ている。

 写真：上 Volchanskiy/iStockphoto, 下 GlobalP/iStockphoto

ロシアンブルー
Russian Blue

短毛種。毛の色はグレイ。目の色はグリーン。一時絶滅の危機に瀕したが英米での交配で復活した。

スコティッシュフォールド
Scottish Fold

スコットランド原産。折れ曲がった耳（**folded ears**）が特徴。名前の **fold** は「折る、折り曲げる」を意味する。

ペルシャネコ
Persian cat

イラン原産の長毛種。イランの旧名のペルシャに由来。毛の色や模様は多様。鼻が低いのが特徴。

写真：上 直子伊藤 /Adobe Stock, 中 lafar/iStockphoto, 下 mdorottya/stock.adobe.com

ノルウェージャンフォレストキャット

Norwegian Forest cat

「ノルウェーの森林のネコ」の意味。寒さに耐えるために毛が長くふさふさしている。

マンチカン

Munchkin

胴長短足が特徴。ネコ界のダックスフントと言われる。トコトコと歩く姿がかわいい。毛色の種類は多様。

シャムネコ

Siamese cat

タイ原産でイギリスに渡り市場に広がった短毛種。タイでは王室や貴族、僧侶が飼っていた。サファイヤブルーの瞳が特徴。

13

 写真：上 GlobalP/iStockphoto, 中 TrapezaStudio/stock.adobe.com, 下 UroshPetrovic/iStockphoto

ラグドール

Ragdoll

名前の **Ragdoll** はぬいぐるみ人形の **rag doll** から。

ベンガルキャット

Bengal cat

白血病の研究で、ヤマネコと短毛種のイエネコを掛け合わせて生まれた品種。祖先は絶滅危惧種のベンガルヤマネコ。

メインクーン

Maine Coon

体格が大きい長毛種。アメリカのメイン州が原産とされておりメイン州公認の「州猫」。しっぽがふさふさしている。

写真：上 CasarsaGuru/iStockphoto, 中 GlobalP/iStockphoto, 下 Nils Jacobi/iStockphoto

3 ネコのいろいろな立場

ノラネコ、捨てられたネコ、拾われたネコ、保護主さんからもらわれてきたネコ、ブリーダーから直接家庭に譲られたネコ、ペットショップで買われたネコなど、ネコにもいろいろな境遇があります。

保護ネコ① shelter cat / rescue cat

飼い主がいないか、劣悪な環境にいたところをレスキューされて、自治体や民間の動物保護施設、個人宅などで一時的に保護されて生活しているネコのこと。

・ネコを保護する

take in stray cats / care for stray cats / shelter stray cats / foster stray cats

関連表現

My [Our] cat was (originally) a shelter [rescue] cat.
うちのコはもともとは保護ネコだったの。

She fosters [takes care of] stray cats.
彼女はノラネコの保護活動をしている。

15

 写真：DmyTo/iStockphoto

保護ネコ②

rescue cat

関連表現

If I don't take care of her, she will die.

保護してあげないと死んじゃうよ。

ノラネコ

stray cat

street catとも言います。

alley catとも言うけれども、少し古い感じがします。

イエネコ

house cat

domestic catとも言います。

関連表現

The average lifespan of a stray cat is 3 to 5 years, while the average lifespan of a house cat is 12 to 18 years, and some cats live to be about 20 years old. The life of a stray cat is harsh.

ノラネコの平均寿命は 3 ～ 5 歳、一方、イエネコの平均寿命は 12 歳～ 18 歳です。中には 20 歳くらいまで生きるネコもいます。ノラネコの生活は過酷です。

写真：上 Oleg Elkov/iStockphoto, 中 Ekaterina Chizhevskaya/iStockphoto , 下 5second/stock.adobe.com

室内飼いのネコ
indoor cat

関連表現

I wonder if he feels frustrated being in the house all the time.

家の中にばかりいて、欲求不満がたまらないかしら。

放し飼いのネコ
outdoor cat

関連表現

I was letting my cat outside and one day he didn't come back. Since then, he has been missing. I should have microchipped him.

ネコを放し飼いにしていたら、ある日帰ってこなかった。それ以来、ずっと行方不明のまま。マイクロチップを入れておくんだった。

17

写真：上左 РегинаЕрофеева/stock. 上右 adobe.com jelena990/stock.adobe.com
下左：enginakyurt11/iStockphoto, 下右 Elena Mitskevich/iStockphot

ペットショップのネコ

cat in a pet shop

関連表現

I hope someone adopts you soon.

早く飼い主さんが現れるといいね。

キャットカフェのネコ

cat in a cat café

関連表現

At a cat café, you can meet cats with different personalities.

キャットカフェに行くといろいろな性格のネコに会える。

写真：上 kaowenhua/iStockphoto, 下 Ababsolutum/iStockphoto

4 ネコの体のパーツの名称

ここではネコの体のパーツの名前を見ていきましょう。ネコの爪数が前足と後ろ足でちがうことを知っていましたか？

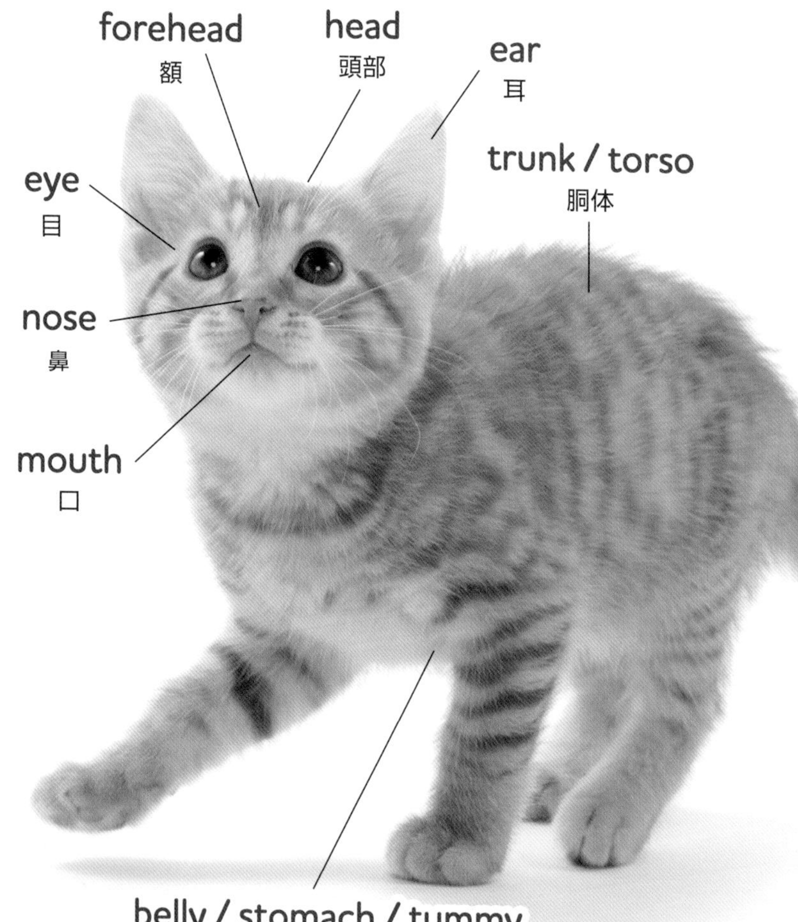

19

 写真：Tony Campbell/stock.adobe.com

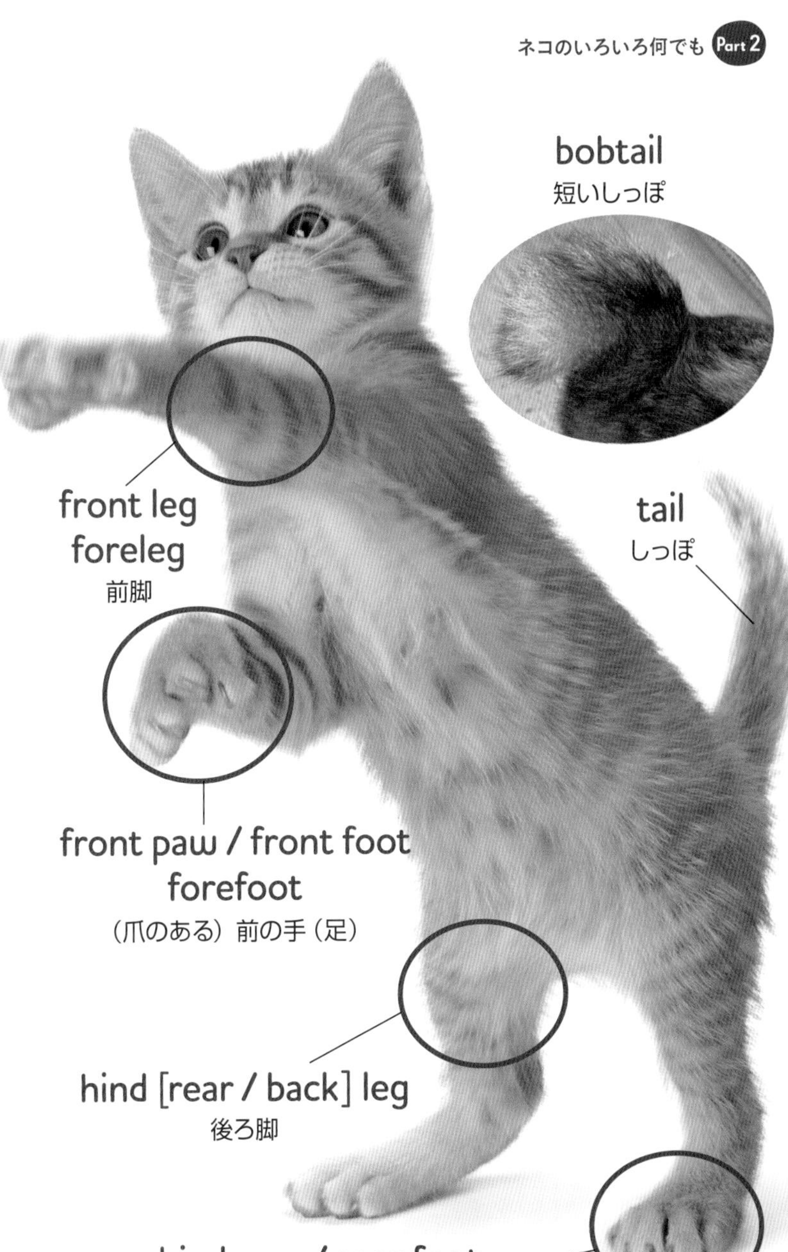

写真：gabes1976 /iStockphoto

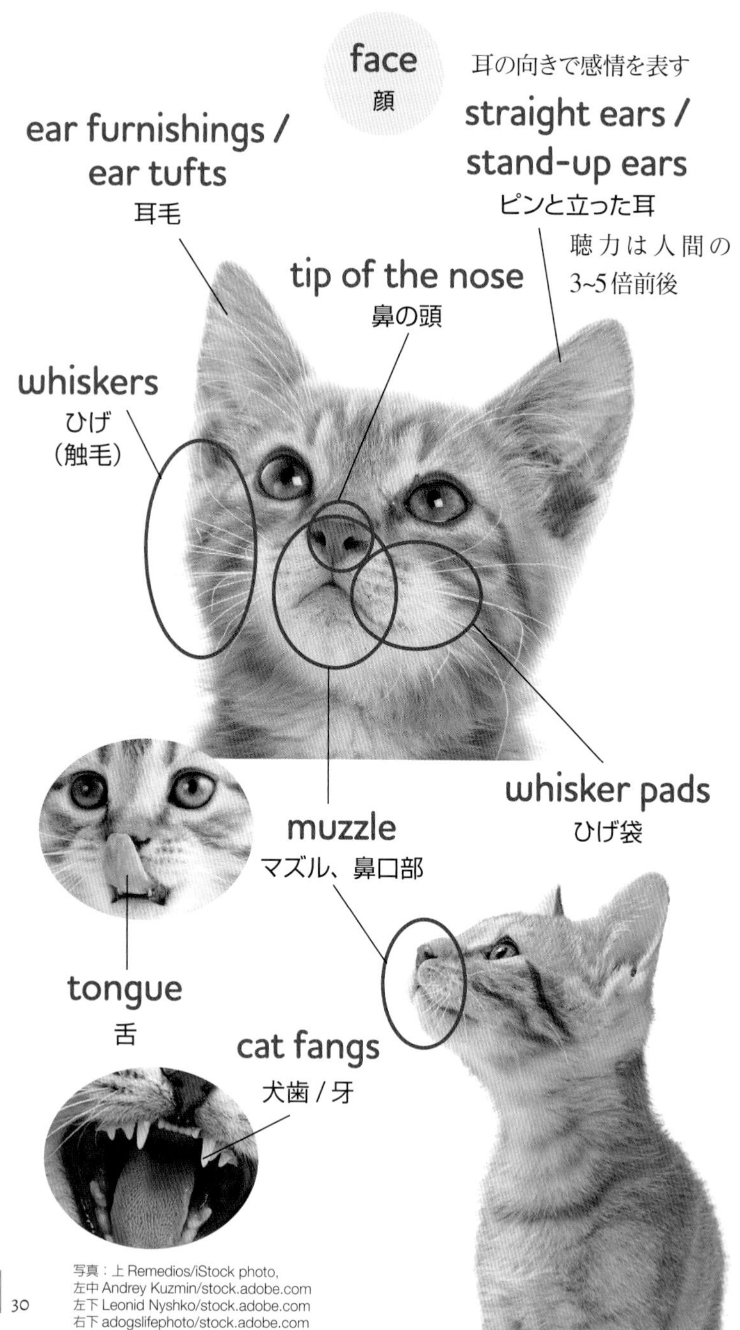

写真：上 Remedios/iStock photo,
左中 Andrey Kuzmin/stock.adobe.com
左下 Leonid Nyshko/stock.adobe.com
右下 adogslifephoto/stock.adobe.com

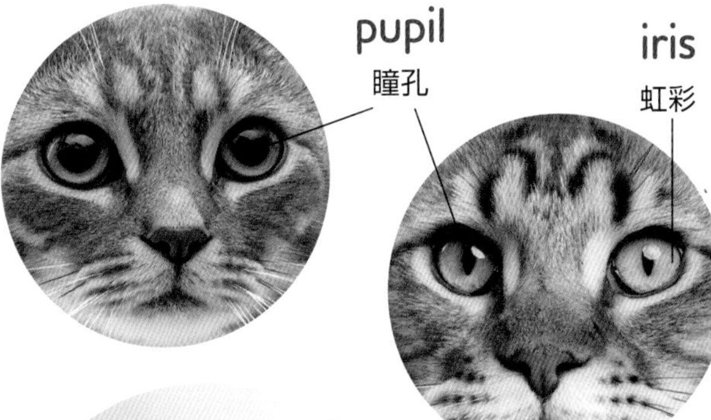

pupil
瞳孔

iris
虹彩

odd eyes
オッドアイ
左右で目の虹彩の色が異なる

folded ears
折れ耳

flat [flattened] ears / airplane ears
イカ耳
生まれつきのものではなく、驚いたり緊張したり、恐怖や怒りを感じたときに耳が横に広がる。

写真：左上 LIgorko/iStockphoto, 右上 DenisNata/stock.adobe.com
左中 Natalia Kuzina/iStockphoto, 右中 camera papa/stock.adobe.com
左下 Teamjackson/iStockphoto

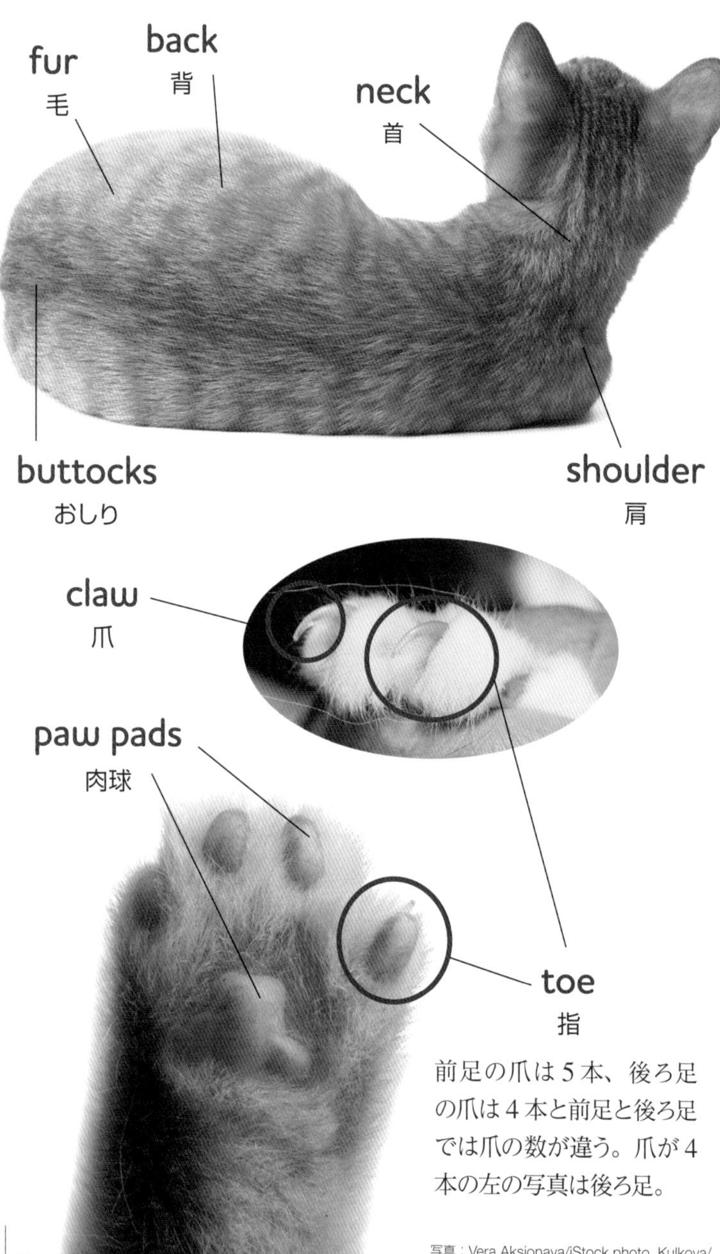

前足の爪は５本、後ろ足の爪は４本と前足と後ろ足では爪の数が違う。爪が４本の左の写真は後ろ足。

写真：Vera Aksionava/iStock photo, Kulkova/iStock photo, ksena32/iStock photo

Part 3

ネコの動作と気持ち

ネコの生活の中に現れる動作を集めてみました。
思い当たる仕草や表情はありますか？
いろいろな英語の表現を関連させて覚えましょう。

写真：chendongshan/stock.adobe.com

1 ネコの動作編

play with toilet paper

トイレットペーパーで遊ぶ

toilet paperだけではなく、箱に入った**tissues**でも遊びます。

関連表現

Who did it? Who is the bad boy who made such a mess with the toilet paper?

誰なの？　こんなにトイレットペーパーをぐちゃぐちゃにした悪い子は！

 写真：Anna_Hirna/iStockphoto

play with a teaser toy

ネコじゃらしで遊ぶ

空中で動くものが大好きです。ジャンプして捕まえようとします。

関連表現

When my cat and I play with a teaser toy she gets really excited and keeps jumping up to try to catch it.

ネコじゃらしで遊ぼうとすると、いつもひどく興奮して、捕まえようと何度もジャンプを繰り返す。

写真：大 Detry26 /iStockphoto
小 dreamnikon/stock.adobe.com

My cat really likes getting in the boxes.

うちのネコは箱の中に入るのが本当に好きです

　ネコは本当に箱の中が大好きです。箱があるとすぐに中に潜り込んでしまいます。そのほかにも**string**（ひも）や**something attached to the emd of the string**（ひもの先に何かをつけたもの）も好きですね。

関連表現

When I leave a cardboard box on the floor, the cat always sharpens his claws on it and makes a hole in it.
段ボールを置いておくと、爪を研いで段ボールに穴を開けてしまう。

26

 写真：大 Seiichi Tanaka /iStockphoto, 小 New Africa/stock.adobe.com

The cat fits snugly into a square box.

四角い箱にピッタリと入る

四角い箱の中にもまるで軟体動物のようにピッタリと収まることができます。**snugly**には「居心地良く、ピッタリと」という意味があります。

関連表現

Cats can fit into a square box perfectly like [as snugly as] mollusks in its shell.

ネコは四角い箱の中にも、殻に入った軟体動物のようにピッタリと入って収まることができる。

写真：skrotov/stock.adobe.com

get into a paper bag

紙袋の中に入る

ネコは紙袋が大好き。ネコが紙袋に入る一連の動作を言ってみましょう。

1

The black cat is looking into the paper bag.

黒ネコが紙袋の中を覗き込んでいる

2

He is trying to get inside the paper bag.

紙袋の中に入ろうとする

3

He is inside the paper bag.

紙袋の中に入っている

 写真：上 pimmimemom/stock.adobe.com, Nw-ings/iStock photo

play on the cat tower

キャットタワーで遊ぶ

ネコはキャットタワーで過ごすのが好きです。

関連表現

Our cats are playing on the cat tower.
うちのネコたちはキャットタワーで遊んでいる。

The cats are playing hide and seek on the cat tower.
ネコたちはキャットタワーでかくれんぼをしている。

My cat often takes a nap on the top level of the cat tower.
うちのネコはキャットタワーの一番上でときどきうたた寝をしている。

写真：右 anurakpong/iStockphoto, 左上 Karen Doyle/iStockphoto, 左中 rai/stock.adobe.com, 左下 chie/stock.adobe.com

pee on the bed cover / futon

ベッドカバー（ふとん）の上におしっこをする

かまって欲しいときにかまってあげないと、ときどきふとんにおしっこすることがありますね。毛布やシーツだったら洗えますが、敷ぶとんへのおしっこは大変です。

関連表現

The smell of cat pee is very strong and difficult to remove.
ネコのおしっこの匂いはなかなか強くて取れない。

Oh, you did it again?!
ああ、またやったのね！

Why don't you use the litter box, like you're suppose to?
なんでちゃんとトイレでしないの？!

30

 写真：Daria Kulkova/iStockphoto

poop in the litter box [cat litter]

ネコ砂の上でうんちをする

ネコのトイレに関する単語には、**poop**（ウンチ、ウンチする）、**pee**（おしっこ、おしっこする）、**litter box**（トイレ[砂箱]）、**cat litter scoop**（猫砂スコップ）、**litter box sheet [liner]**（トイレシート）などがあります。

関連表現

After (using) peeing or pooping in the litter box, the cat digs in the litter and sometimes scatters it outside the box.

おしっこやうんちをした後、ネコ砂を脚で掻いて、トイレの外に撒き散らすことがあります。

写真：w-ings/stock.adobe.com

eat

食べる

食べることは、ネコにとっては一日のうちで最大のイベントです。

関連表現

There are many types of cat food, including food for kittens and food for older cats.

キャットフードには、子ネコ用のもの、老ネコ用のものなど、いろいろ種類がありますね。

Cats often have likes and dislikes in cat food. When they like the food they eat a lot, and when they don't like it they leaves a lot.

ネコはしばしばキャットフードに好き嫌いがあるようです。好きなタイプのものであればどんどん食べるのに、好きではないものはかなり残します。

32

写真：左上 yu_photo/stock.adobe.com, 右上 AaronAmat/iStockphoto, 左下 anoushkatoronto/stock.adobe.com, 右下 Vertigo3d/stock.adobe.com

eat cat food キャットフードを食べる

wet food
ウエットフード

おててで食べないで、お口でちゃんと食べてちょうだいね。

dry food
ドライフード

このドライフードは封を開けたばかりだから良い香りがしておいしいよ。

eat cat grass ねこくさを食べる

cat grass はネコの好きな草の総称

写真：上 Svetlana Sultanaeva/iStockphoto, 中 MarioGuti/iStockphoto, 下 denisval/stock.adobe.com

lap water from the faucet

蛇口から出る水をペロペロと舐める

水道の蛇口から流れる水を、おかしな格好をして飲もうとします。浴室などの水が滴るような場所にも出かけてペロペロ舐めています。

関連表現

She drinks water from her water bowl.
水用の器から水を飲む。

He drinks from a puddle in the bathtub.
バスタブにたまった水たまりで水を飲む。

She laps up water with her front paw.
前足で水をペロペロと舐める。

 写真：galaktikx/iStockphoto

stretch her front legs

前足をぐっと伸ばす

「お尻を高く持ち上げて、前足をぐっと伸ばす」と言いたいときには、**She is raising her rear end (butt) in the air and stretching her front legs.** と言えます。

関連表現

He looks really comfortable in this stretching pose.
このストレッチの格好は本当に気持ちよさそう。

写真：liebre /iStockphoto

sharpen his/her claws on a post

柱で爪を研ぐ

「爪研ぎボードがあるのに、家具で爪を研いでしまう」は、**Our cat has a scratchboard, but she'd rather sharpen her claws on the furniture.** です。

「爪研ぎボードで爪を研ぐ」は、**Our cat sharpens her claws on the scratchboard.** です。

ネコの爪は本当に鋭いですね。ネコもしょっちゅう自分の爪を研いでおかないと、大変なことになってしまいますよね。

 写真：上 danilovi/iStockphoto, 下 CHUYN/iStockphoto

lick its fur / clean itself

体を舐める

「うちのネコはしょっちゅう体を舐めている」は**My cat is always licking (cleaning) himself.**です。「毛づくろい」は**groom**を使います。「うちのネコはいつも毛づくろいをしている」なら、**My cat is always grooming himself.**です。

関連表現

The mother cat is grooming her kittens.
母猫が子どもを毛づくろいをしている。

Cats groom each other.
ネコたちはお互いに毛づくろいする。

写真：jelena990/stock.adobe.com

37

arch his/her back and hiss

背を丸めてシャーという

ネコが何かに驚いたり、怖がっているときには、背を丸めて（**arch his/her back**）しっぽをふくらませ（**puff up his/her tail**）、真っ直ぐに立てて（**with his/her tail straight up**）、毛を逆立てて「シャーッ」(**hiss**)と言います。その様子は**His tail is pointed straight up and puffy (bristling).**とも言えます。

関連表現

Our resident cat hisses at our new cat.
新しいネコに対して先住ねこがシャーッと威嚇する。

Our cat is growling at the dog, with her tail puffed up and pointing straight up in the air.
うちのネコが尻尾をふくらませ真っ直ぐに立てて、犬に向かって唸り声をあげている。

38

 写真：左 GlobalP/iStockphoto, 右 liliya kulianionak/iStockphoto

The kitten bites and scratches.

子ネコが噛みついたりひっかいたりする

子ネコは手加減というものを知らずに、思いっきり噛みついたり(**bite**)、ひっかいたり(**scratch**)するものです。特にネコの爪(**claws**)は子猫でも非常に鋭いので、よく手の甲などに、ひっかき傷(**scratch**)を作ってしまいます。

関連表現

The kitten's sharp claws scratched the back of my hand.
子ネコの鋭い爪で、手の甲にひっかき傷をつけられた。

写真：Siarhei SHUNTSIKAU/iStockphoto

Her eyes get big and round.

目がまん丸になっている

暗いところやびっくりしたときには瞳が大きくまん丸になります。**Her pupils are dilated.**（瞳孔が広がっている）とも言えます。丸くなる黒い部分は「瞳孔」**pupil**、その周りが「虹彩」**iris**です。

関連表現

His eyes are so round and cute. He looks like a raccoon dog.
目がまん丸になってかわいいね。まるでタヌキみたい。

写真：SValeriia/iStockphoto

yawn

あくびをする

ネコがあくびをするときには、喉の奥まで見えるくらい口を大きく開きます。**The cat yawned with his mouth wide open.** や **He made a big yawn.** と表すことができます。

関連表現

It's as if his whole face were a mouth.

まるで顔中が口になったみたい。

sleep curled up in a ball

丸くなって寝る

「寝るときにはいつもまん丸くなっている」は、**He always curls up in a ball when he takes a nap.** と言えます。

関連表現

In this sleeping position, he looks like an ammonite.
この寝ている格好、まるでアンモナイトみたい。

He's so round he looks like a mollusk, not a cat.
こんなに丸くなるなんて、ネコなのにまるで軟体動物みたい。

写真：右上 Yuko Sakamoto, 左上 haru/stock.adobe.com, 下 Yossy/stock.adobe.com

sleep lying on his stomach

うつ伏せになって寝る

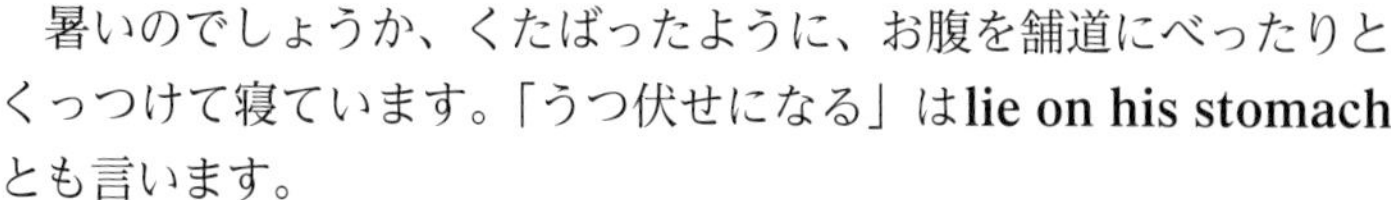

暑いのでしょうか、くたばったように、お腹を舗道にべったりとくっつけて寝ています。「うつ伏せになる」は**lie on his stomach**とも言います。

関連表現

He is lying with his belly flat on the pavement and his legs spread out. I bet it feels cool.

お腹をべったりと舗道にくっつけて足を広げてうつ伏せになっている。きっとひんやりするんだね。

写真：evergreentree/iStockphoto

43

The cat is leaning on something and basking in the sun.

ネコが何かに寄りかかって日向ぼっこをしながら、うつらうつらしている

ネコは日向ぼっこをするのが好きですね。「日向ぼっこする」は**bask in the sun**、「陽だまりで」は**in a sunny spot**。

関連表現

She is curled up on the sofa, basking in the sun.
ソファーの上で丸くなって日向ぼっこをしている。

 写真：rai/stock.adobe.com

show his stomach [tummy / belly]

へそ天している

「へそ天する」とは、要するにお腹を上にしていることですから**show his stomach**のほかにもいろいろな言い方ができます。「うつ伏せになる」が、**lie on his stomach**ですから、「へそ天」するはその逆で、**lie on his back**という言い方もできるわけです。**sleep with his belly up**（お腹を上にして寝る）や**lie on his back, looking totally relaxed**（本当にリラックスしているように仰向けになる）や、**lie on her back with her arms and legs stretched out [extended]**（手足を伸ばしてへそ天する）などとも言えます。

写真：左上 SetsukoN/iStockphoto, 右上 michikodesign/stock.adobe.com, 下 ramustagram/stock.adobe.com

sleep anywhere and in any position

どんなところでもどんな格好ででも寝る

ネコは人に心を許していると、どんなところでもどんな格好ででも寝るようです。そこがプリンタや書類の上でも。**position**のかわりに**shape**でも可。

関連表現

She is sleeping on the printer with her rear end facing the camera.

プリンタの上でお尻をカメラに向けて寝ている。

She is sleeping on her back on the paper.

書類の上に仰向けになって寝ている。

 写真：上下とも Yuko Ueno

leap

跳躍する

　ネコがジャンプする姿はきれいですね。前脚を前に、後ろ脚を後ろにそれぞれ真っ直ぐに伸ばしてジャンプしていますね。

関連表現

The cat's leaping ability is amazing. She jumped up on top of the fence.

ネコの跳躍力はすごい。塀の上まで飛び上がった。

写真：SAND555/iStockphoto

cat loaf

香箱座り

ネコが前脚を折りたたんで体にしまう座り方を**cat loaf**（香箱座り）と言います。置物みたいでかわいいですね。安心しているときの姿勢だ言われています。

このほか、座り方にはお尻を下につけて後ろ脚を伸ばした状態で座る**Buddha position**（スコ座り）という座り方もあります。

関連表現

The "loafing" cat is cute. It looks like a statuette.

香箱座りをしているネコはかわいいね。小さい置物のようだね。

 写真：AnthonyRosenberg/iStockphoto

jump and grab the handle to open the door [turn the door handle]

ドアを開けようとジャンプして取っ手をつかむ

部屋から出たいとき、何度でもジャンプして取っ手をつかんでドアを開けようとします。あるいは、扉の間に少しの隙間さえあれば、手を入れて扉を開けて、目的を達してしまいます。

関連表現

He inserted his paw in the door gap and opened the door.
ドアの隙間に手（前足）を入れて、ドアを開けた。

写真：rudolfoelias/iStockphoto

climb the tree

木に登る

「木に登る」は**climb the tree**ですが、「木から降りる」は **climb down (from) the tree**、または **climb back down (the tree)**す。木を伝わって降りてくる感じです。木の高いところに登ったのはいいけれども、降りられなくなったネコもいるので、登るのよりも降りるほうが難しいかもしれません。

関連表現

Cats can climb high up trees, but sometimes they cannot climb down.

ネコは木の高いところに登ることができるども、降りることができなくなることもある。

 写真：上 Kateryna Kovarzh/iStockphoto　下 prwstd/iStockphoto

2 ネコの気持ちと表情編

ここではネコのいろいろな表情からネコの気持ちを想像してみましょう。

I'm really angry!

怒ったゾウ！

このほか、**I'm really upset!**、**You made me mad!** などと、怒っている様子を表すことができます。

51

写真：Evdoha/stock.adobe.com

Help! I don't like the bath.

助けて～～～！　お風呂は嫌いだよ

お風呂に入れられるのが嫌で、固まってしまったように見えますね。耳がイカ耳になっているのは、嫌な気持ちのときです。

関連表現

Save me! I hate water!

助けて！　お水は嫌いだ。

Help! I'm scared of water.

助けて！　お水は怖いよう。

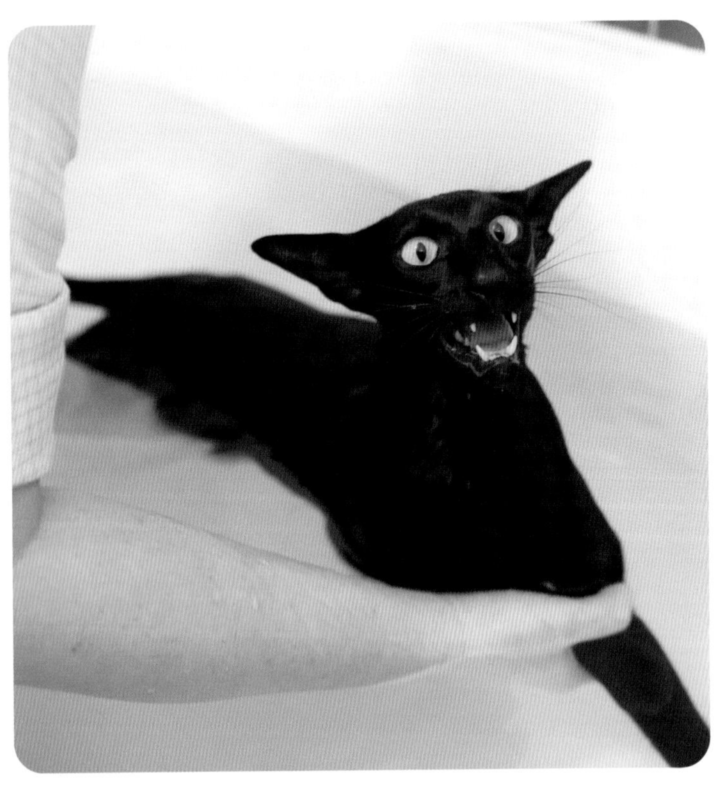

62 写真：Dovapi/iStockphoto

Oh, no. How is that possible?

えーっ、ウソでしょ。そんなアホな

口をぽっかり開けて呆然としているような表情です。この表情から想像できる言葉を考えてみましょう。

Oh, no! のかわりには、**Are you kidding?** とか **No way!** と言えるかもしれません。

How is that possible? の代わりには、**What the heck!**、**What is that?**、**What's going on there?** などと言えるかもしれません。ネコの表情からなんと言っているか想像してみましょう。

写真：Nils Jacobi/iStockphoto

Aaagh! No, no, no! Get away from me!

ギャーッ！　嫌だ嫌だ、そばに寄るな！

この怒ったネコの顔も思いっきり舌を出して、両手を上げていて面白いですね。

Aaagh!のかわりに**Grr!**、**Roar!**、**Geez!**などと言ってもいいでしょう。また、**Get away from me!**のかわりに、**Go away!**、**Leave me alone!**、**Leave me be!**（ほっといてくれ）なども言えます。

写真：stocknroll/iStockphoto

I wonder... I'm pensive.

なんだかなあ……僕、たそがれちゃった

「たそがれちゃった」を「もの思いにふけってぼーっとしている」と考えて、「もの思いにふける」と言える表現をいろいろ考えてみましょう。

I'm lost in thought.、**I'm deep in thought.**、**I'm absorbed in thought.**、あるいは少し方向を変えて、**I'm just thinking [musing/pondering].** などとも言えるでしょう。

写真：vvvita/iStockphoto

Huh? Why?

はあーっ、何で？

何か上のほうで、不思議なことが起きているようです（？）

びっくりして、口あんぐり。一体何が起きているのでしょうか？視線の先で何が起きているのか、何て言っているのか、想像するだけでも楽しいですね。

関連表現

Hey! What?

ちょっと、何？

Hm? How come?

え、どうして？

56

写真：Ekaterina Kolomeets/stock.adobe.com

Mmmm, feels good.

う~ん。気持ちいい~

好きな人の手でなでられるとネコはいい気持ちになります。ひげ袋がぷっくりして、まるで笑っているようですね。

関連表現

That feels good.
気持ちいい～。

Feels nice.
気持ちいい～。

I like being petted. More! More!
なでられるの好き。もっと、もっと～っ！

写真：Seregraff/iStockphoto

I love you so much!

大好きだよ！

イヌとネコは仲が悪いもの、という先入観をもつ人がいますが、そんなことはありません。一緒に生活しているイヌとネコは、とても仲がよいものです。

下の写真を見てセリフを考えるなら、**Love you!**、**Kisses!**、**Hugs!**、**Cuddles!**（抱きしめて）、**You're my favorite!**など、いろいろな言い方ができそうです。

写真：上 chendongshani/stock.adobe.com,
下 iness_ikebana/iStockphoto

Part 4

ネコと人

生活の中で、ヒトとネコはさまざまに関わり合います。
その中で生まれる英語の表現をヒトの立場、
ネコの立場から見てみましょう。

写真：zsv3207/stock.adobe.com

The cat interferes with my work.

ネコが仕事の邪魔をする

この状況を正確に説明すると**The cat holds my right wrist with his paws and makes it impossible to use the keyboard.**（ネコは前足で私の右の手首を抱きしめて、キーボードを叩けなくする）。かまってほしい（**He demands my attention.**）のですね。

関連表現

He holds my wrist tightly in his paws and bunny-kicks my arm.
前足で私の手首をしっかりと抱きしめて、ネコキックをする。

Don't walk on the keyboard!
キーボードの上を歩いちゃダメ！

 写真：MarioGuti/iStockphoto

My cat is kneading my stomach.

お腹の上でふみふみをする

「ふみふみをする」は**knead**を使えばよいでしょう。**knead**はもともと「こねる、あんまする、もむ」です。

関連表現

It tickles when you knead my stomach.

お腹の上でふみふみされるとくすぐったいわ。

写真：petesphotography/iStockphoto

60

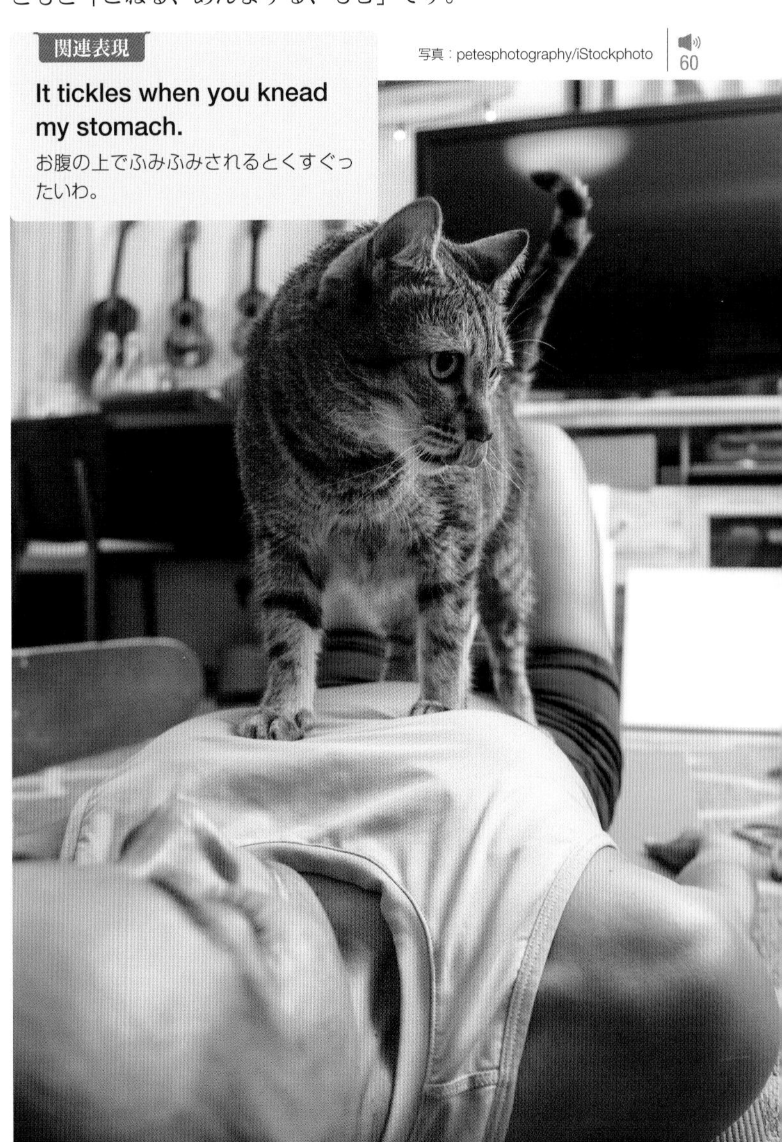

My cat sticks his nose in my face.

ネコが私の顔に鼻先をくっつけてくる

My cat touches noses with me. とも言えます。「顔をすりすりする」は**rub her face on me**。です。そうすると、「ヒゲがくすぐったい」ですね。それは、**His whiskers tickle.** などと言えます。

関連表現

The tip of his/her nose is wet.
鼻先が湿っている。

He/She stared at me and winked!
私の目をじっと見つめてウィンクした。

 写真：1001slide/iStockphoto

He rubs his head against my arm.

頭を腕に擦りつける

腕だけではなくて、「頬や掌などにも小さい頭をぐいぐい擦りつけてくる」ことがあります（**He rubs his head against/on my cheek or my palm.**）。小さいのに意外に押し付ける力が強いのに驚くこともあるかもしれません。

関連表現

When I was lying on the futon, he pressed his back against my face.

布団で横になっていると、ネコが顔に背中を押し付けてきた。

「このネコの顔、幸せそう。この人のこと、大好きなんだ」（**The cat looks so happy. He/She loves this person.**）

写真：上 rai/stock.adobe.com
下 sana kishimoto/iStockphoto

I massage my cat's paw pads.

肉球をモミモミする

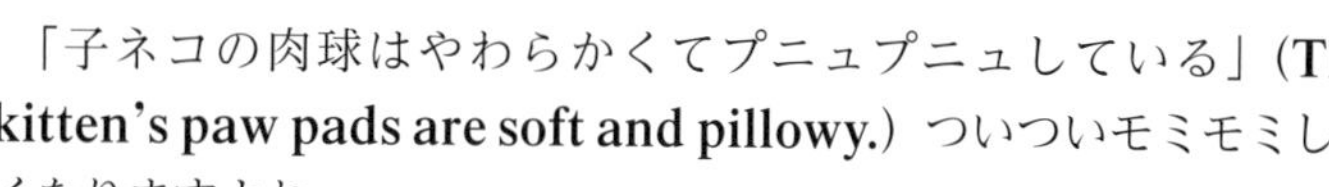

「子ネコの肉球はやわらかくてプニュプニュしている」(**The kitten's paw pads are soft and pillowy.**) ついついモミモミしたくなりますよね。

関連表現

Rubbing the pillowy paw pads makes me feel good, too.
プニュプニュした肉球をさすっていると私も気持ち良くなる。

She doesn't show her claws when I massage her paw pads.
肉球をモミモミしているときには爪を出さない。

 写真：Denis Mamin/iStockphoto

My cat doesn't like taking a bath.

うちのネコは風呂に入るのを嫌がる

お風呂で洗われるのを嫌がる表現には、**He hates being bathed [washed].** や **He goes crazy when I try to bathe [wash] him.** などがあります。暴れて、「手の甲を鋭い爪でひっかかれた」（**My cat scratched the back of my hand with his sharp claws.**）なんてこともあるでしょう。

関連表現

When I shampoo and rinse off my cat in the bath, her body suddenly feels smaller and only her ears seem to get bigger.

お風呂でネコをシャンプーして洗うと、急にネコの体が小さくなって、耳だけが大きくなったように感じる。

写真：Denis Valakhanovich/iStock photo

I cut [trim] my cat's claws.

ネコの爪を切る

cutのかわりに**trim**（整える）も使います。「うちのネコは爪を切られるのを嫌がる」は**My cat hates having [getting] his claws trimmed.**と言えます。「鋭い爪」は**sharp claws**です。

関連表現

Don't move. Stay still.
動かないで。じっとして。

Oh, I cut too much. Sorry!
あ、切りすぎた！　ごめん。

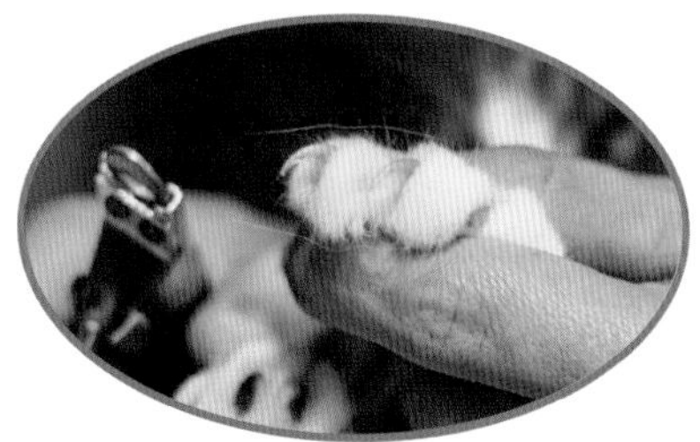

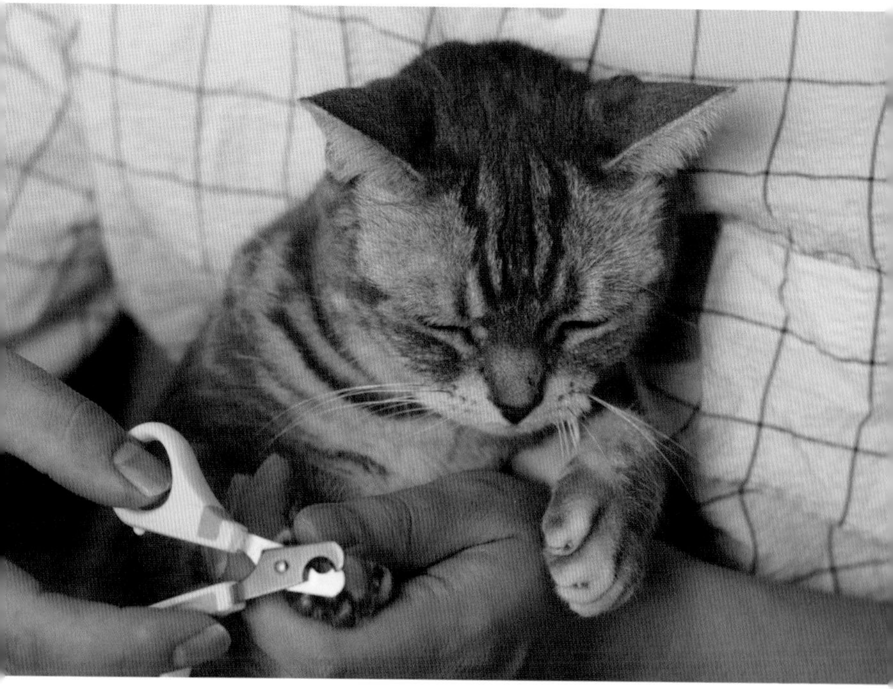

65

写真：上 Daria Kulkova/iStockphoto, 下 chie/stock.adobe.com

When I gently stroke [pet] my cat's neck, he closes his eyes and purrs.

ネコの首のあたりをやさしくなでてあげると、目を閉じて喉をゴロゴロ鳴らす

「喉をゴロゴロ鳴らす」は**purr**を用いて表します。また、**stroke [pet]**はいろいろな意味のある言葉ですが、「やさしくなでる、なでつける」という意味があります。右下の写真なら、**stroke the cat's head with my palm**（掌で、ネコの頭をやさしくなでた）と表現できます。

関連表現

I gently stroked the sitting cat's back several times.

座っているネコの背を、何回もやさしくなでてやった。

写真：上 NiseriN/iStock photo, 下 AdrianHancu/iStock photo

My cat clings to my shoulder.

ネコが肩にしがみつく

cling to...は「～にひっつく」という感じ。しがみついて爪を立てる場合には、**claw**がそのまま「爪を立てる」という動詞として使えます。

関連表現

What's wrong? Something scary? Ouch! Don't sink your claw into my shoulder.

どうしたの？　何か怖いものがあったの？　痛っ！　肩に爪を立てないでね。

 Bartolome Ozonas/iStockphoto

I hold my cat in my arms.

ネコを両手で抱っこする

「ネコをつかまえて抱っこする」は**I pick up and hold my cat.** と言えますが、ネコは自由気ままな生き物。**My cat doesn't like being held.**（うちの子はだっこされるのを嫌がる）こともあります。抱っこしたら、**Cat hair sticks to my clothes.** ネコの毛が服につきますが、それはまあ諦めるしかないですね。

関連表現

You should support the cat's hind legs when you hold him in your arms.
ネコを抱っこするときにはネコの後ろ足を抱えるようにするといいよ。

My cat sits in[on] my lap.
膝の上にネコが座る。

写真：Pavlina Popovska/iStock photo

I post a picture of my cat on Instagram.

うちのネコの写真をInstagramに投稿する

親バカならぬネコバカの人は大勢いそう。InstagramやTwitterなどにせっせと写真や動画を投稿をしては、「いいね」をたくさんもらうと有頂天になったりします。

関連表現

Look, look! Isn't our cat cute?
見て、見て！ うちの子、かわいいでしょう？

Wow! [Amazing!] This video has over 1,000 likes.
すごい！ この動画、「いいね」が1000個以上もついている。

 写真：Yuko Sakamoto

I wipe up my cat's pee.

ネコのおしっこのあとを拭く

ネコのトイレは頭の痛い問題です。とんでもないところで粗相をしてしまうこともありますが、ふとんの上でおしっこをしないだけでも幸運だと思いましょう。

関連表現

Why don't you pee in your litter box, like you're supposed to? How can I train you?

何でちゃんとトイレでしないの？　どうやってしつければいいのかしら。

写真：gumpapa/stock.adobe.com

71

82 写真：Tassii/iStockphoto

He touched my palm with his paw.

前足で私の掌にタッチした

high five（片手でのハイタッチ）を使って**He gave me a high five.**とも言えます。イヌのように「お手」とか「お座り」のような芸当を安定してやってはくれないけれども、ネコも反復して教えると「お手」とか「お座り」のような芸当をやってくれるようです。ネコに「お手」と「お座り」を教える動画も見かけます。

関連表現

Whoa, you did a high five!

おっ、タッチできたね。

She sleeps next to the baby.

赤ちゃんの隣りで寝ている

まるでシンクロしているようにふたりで寝ていますね。**The cat and the baby aren't afraid of each other at all. They're both sleeping peacefully.**（ネコも赤ちゃんも、お互い全然怖がってなくて、安心して寝ているね）

写真：Svetlana Sultanaeva/iStock photo

He holds my wrist with his paws and gently nibbles my finger.

私の手首を両手で捕まえて指を甘噛みする

「甘噛みをする」はいろいろな表現で表すことができます。**bite my finger affectionately [gently]**、**nibble on me a little**、**give me love-bites**などと言えます。

関連表現

Don’t bite for real [seriously/too hard].
本気で噛んだらダメだよ。
He gave my finger a love-bite.
私の指を甘噛みした。

 写真：photosaint/stock.adobe.com

I walk my cat.

ネコを散歩に連れて行く

take my cat for a walkとも言えます。ネコの散歩はイヌと違って一筋縄ではいきません。まず、ハーネス（**harness**）をつけることを嫌がります。ハーネスとリード（**leash**）をつけて散歩に出かけても、あらぬ方向へ向かったり、寝っ転がったり、草を食べ出したりするなどとなかなかイヌのように真っ直ぐに歩いてくれません。

関連表現

Some people say it is necessary to take indoor cats outside for walks.

室内飼いのネコを散歩で外に連れ出すことは必要だと言う人もいます。

写真：上 sdominick/iStockphoto 左下 Andi Edwards/iStockphoto 右下 /mister Big/iStockphoto

Chief Mouser to the Cabinet Office

イギリス首相官邸ネズミ捕獲長

この凛とした写真のネコは、イギリスの首相官邸ダウニング10番地の公式な飼いネコLarryです。Chief MouserのMouserはネズミを捕るネコのことです。昔からダウニング街にはネズミが多かったため、ネコを飼う習慣がありました。首相官邸で飼うネコに公式な肩書が与えられ、公務員として雇用されたのは1924年初代トレジャリー・ビルからで、Larryは12代目にあたります。

Larryの就任後、首相官邸の主は、デーヴィッド・キャメロン、テリーザ・メイ、ボリス・ジョンソン、リズ・トラス、そして現在のリシ・スナクと目まぐるしく変わりましたが、2022年現在、Larryは現役です。

写真：Her Majesty's Government

ネコの性格 Part 5

人間が一人ひとり、個性が違うように。
ネコも一匹一匹、個性があります。
のんびり屋さん、無鉄砲な子、神経質な子、
さまざまな性格の違いがあります。
英語での表現の仕方を見てみましょう。

My cat (He/She) is...

ネコを飼っているかたは、My cat...あるいはネコの名前やHe/Sheを入れて、飼っていないかたはThis cat...でネコの性格を言ってみましょう。性格はpersonalityを用いて、He/She has a calm personality.のようにも言えます。

ツンデレ

sometimes cold (aloof) and sometimes affectionate (lovey-dovey)

関連表現

capricious
気まぐれな

fickle
うつり気な

ネコ派の人（**a cat person**）はベタベタしないツンデレのところが好きなのではないかと思います。

 写真：applevinci/stock.adobe.com

甘えん坊

- spoiled　・pampered
- a spoiled boy (girl/cat)
- friendly（人懐っこい）
- needy（かまってちゃん）

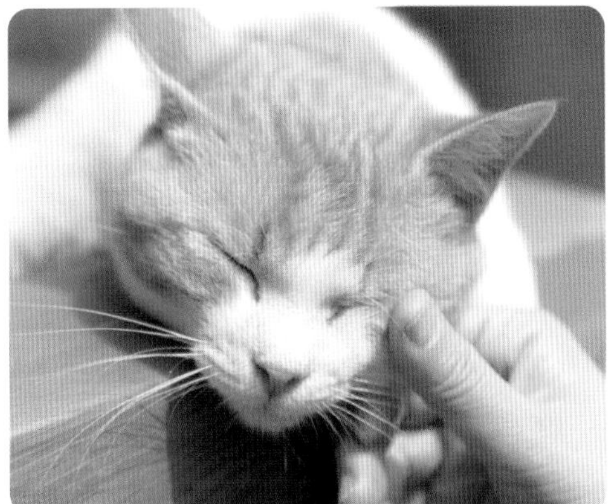

「甘えん坊」とは、自分に注意を向けてほしかったり、かまってほしくて気を引く動作をすると考えれば、いろいろな表現が考えられます。

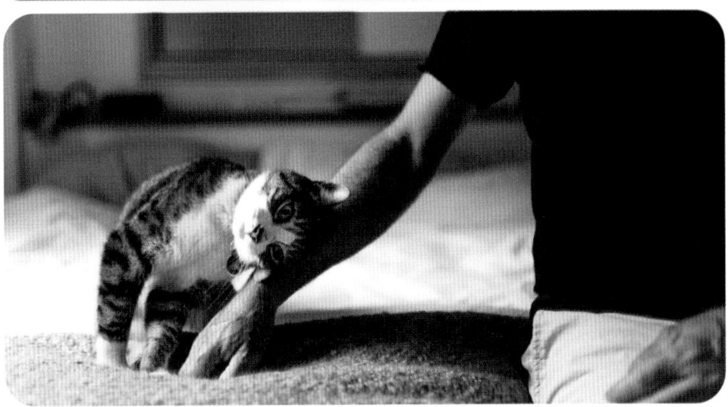

関連表現

She craves attention.
注目してほしくて仕方がない。

He demands a lot of attention.
とても注目されたがっている。

写真：上　健太 野田 /stock.adobe.com、下　Linda Raymond/iStockphoto

びびり

- a coward
- a chicken
- easily frightened
- a fraidy cat
- a scaredy cat

＊ a fraidy cat や a scaredy cat は通常子どもが、怖がっている人(たいていは他の子ども）に対して使うので、ネコに対して使うときにはユーモラスなニュアンスがあります。

「びびり」という言葉に込められた意味から、いろいろな表現ができます。

関連表現

He's kind of a coward.

この子は臆病ね。

She's afraid of a lot of things.

この子は怖がりだね。

He's easily frightened (scared).

この子はすぐに怖がる。

 写真：Irina/stock.adobe.com

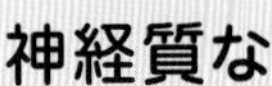

神経質な

・skittish　・nervous
・high-strung

ネコの聴覚は非常に鋭敏で、人間よりもはるかに可聴領域が広いと言われます。人間にはなんでもない生活音も、ネコにとってはストレスになっているかもしれません。

関連表現

sensitive
繊細な

aggressive
攻撃的な

写真：ВячеславДумчев/stock.adobe.com

のんびりした／おだやかな

・calm ・gentle
・affectionate ・sweet

関連表現

quiet
おとなしい

nice
やさしい

ネコは一日14時間も寝ていると言われます。寝る時間に注目しながらネコの活動を見ていれば、ネコはおだやかで、のんびりしているように見えるかも。

 写真：llike/stock.adobe.com

かしこい　・smart　・clever

ネコの場合、「かしこい」を人間と同様の意味に受け取るよりも、用心深かったり、注意深いことを表すと考えたほうがいいかもしれません。事故に遭わず長生きするネコはかしこいネコです。

関連表現

cautious
用心深い

careful
注意深い

写真：Svetlana Rey/stock.adobe.com
FotoEston/stock.adobe.com

やんちゃな

- naughty
- mischievous

関連表現

active
活発な

curious
好奇心旺盛な

fearless
怖いもの知らず

hyper
ハイテンションの

playful
遊び好きな

 写真：tashka2000/stock.adobe.com

ネコと病院 Part 6

飼いネコに病院通いはつきもの。ワクチン接種、避妊手術、去勢手術、マイクロチップの埋め込みなどがあります。その様子を見てみましょう。

写真：Kurhan/stock.adobe.com

I have to take my cat to the vet [the vet's office].

ネコを病院に連れて行かなければならない。

会話では**the vet**がよく使われます。**the veterinary clinic**はフォーマルな言い方になります。

関連表現

I took my cat to the vet to have him/her vaccinated.
ネコにワクチンを接種してもらうために動物病院に行った。

Should I have gotten pet insurance?
ペット保険に入っておけばよかったかな。

 写真：上下とも Nagashima-Design/stock.adobe.com

I put my cat in a laundry net so he won't jump out.

飛び出さないように洗濯ネットの中に入れる。

「洗濯ネット」はそのまま**laundry net**。

関連表現

He is trying hard to stick his nose out of the laundry net.
ネコが一生懸命、洗濯ネットの中から鼻先を突き出そうとしている。

Please, just stay still.
お願いだからじっとしていてね。

写真：あんみつ姫 /stock.adobe.com

I put my cat in the carrier.

ネコをキャリーバッグに入れる。

「キャリーバッグ」は**carrier**。

関連表現

He stays still in the carrier.

ネコはキャリーバッグの中でじっとしている。

I put her in the carrier and drove her to the hospital.

ネコをキャリーバッグに入れて、車で病院に連れて行った。

 写真：eAlisa/stock.adobe.com

She gets examined.

ネコを診察をしてもらう。

The vet examines her.（お医者さんが診察する）とも言えます。「診察台」は**examination table**。

関連表現

The vet/doctor gives her an injection.
お医者さんが注射を打つ。

When I put her on the examination table, she froze, probably because she was scared.
ネコを診察台の上に乗せると、怖いせいか固まってしまった。

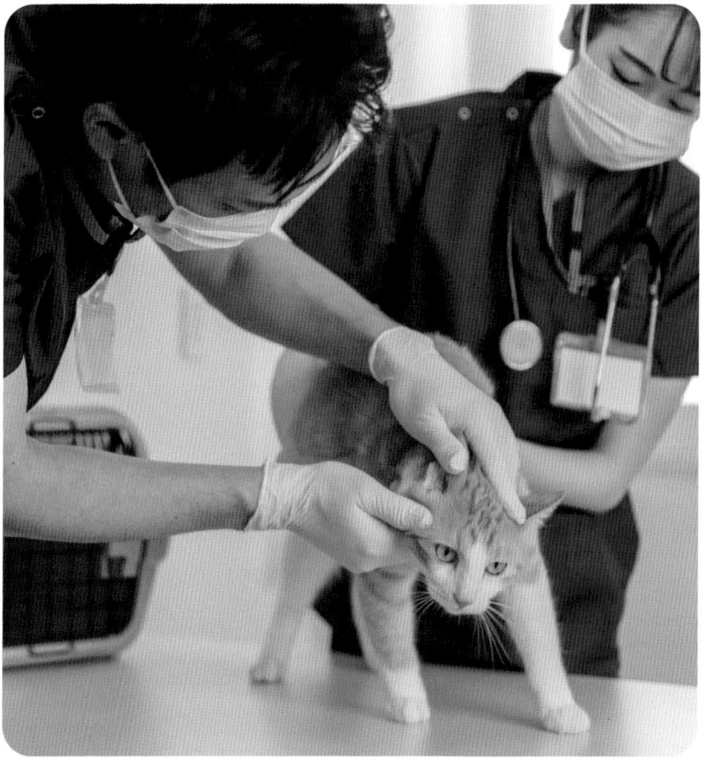

写真：あんみつ姫 /stock.adobe.com

She is getting spayed.

避妊手術をする予定です。

spayedの他に**fixed**も使えます。**fix**は**be (get) fixed**の形で、「避妊する」、「去勢する」の両方に使えます。

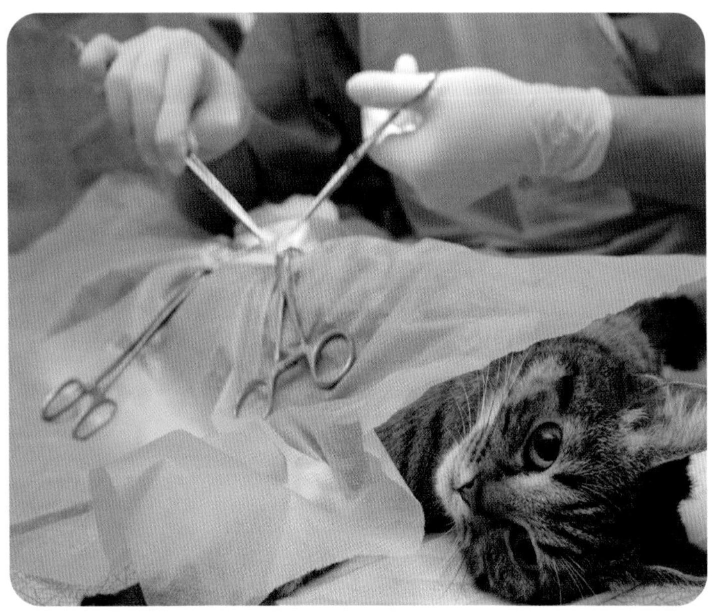

He was [got] neutered.

去勢手術をした。

「去勢手術をする」にも**be [get] fixed**が使えます。

関連表現

Now you can't have any offspring.

これでもう子孫を残せなくなっちゃったね。

86

 写真：De Visu/stock.adobe.com

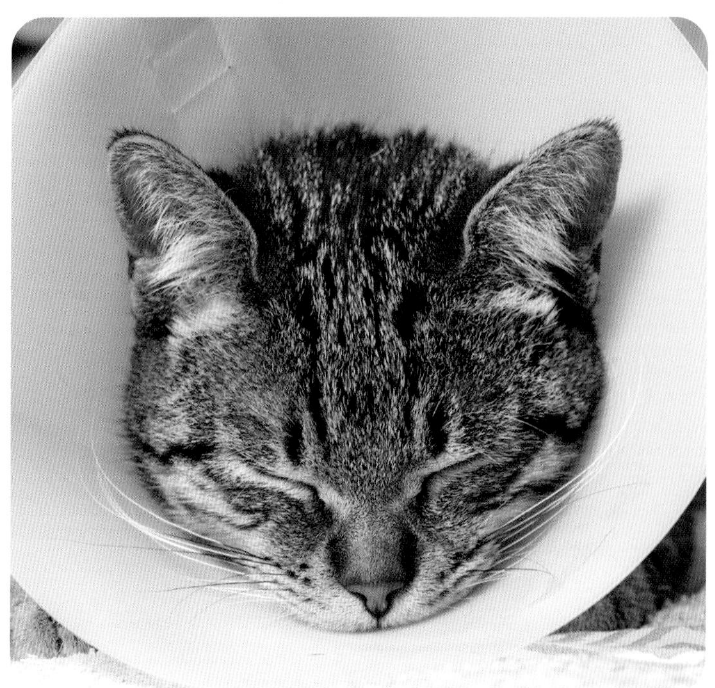

She looks uncomfortable with the Elizabethan collar on.

エリザベスカラーをつけて、勝手が悪そうだ。

uncomfortableのかわりに**unhappy**も使えます。

関連表現

You have to endure it a little.
もう少しの辛抱だからね。

I hope you recover from the surgery soon.
手術の後、早くよくなるといいね。

写真：ramonespelt/stock.adobe.com

I ネコに関わるいろいろな名詞＜50音順＞

遊び相手	playmate	成ネコ	adult [mature] cat
イエネコ	house cat	先住ネコ	resident cat
ウエットフード	wet food	爪研ぎ（マット）	scratchboard、scratcher
エサ用の容器	food bowl	トイレ	litter box
エリザベスカラー	Elizabethan collar	トイレの砂 ネコ砂	(cat) litter
おやつ	treats	動物病院	vet、veterinary clinic
キャットタワー	cat tower、cat tree	ドライフード	dry food
キャリーバッグ	carrier (bag)	仲良し	buddies
兄弟	siblings	ネコアレルギー	cat allergy
首輪	cat collar	ネコ草	cat grass
ケージ	cat cage	ネコじゃらし	teaser toy
血統書付きの（ネコ）	pedigree (cat)	（毛をとるための）粘着式ローラー	lint roller
香箱座り	cat loaf	ハーネス	harness
子ネコ	kitten	日だまり	sunny spot
雑種の	mixed breed	ペット保険	pet insurance
里親	adopter、foster parent	マイクロチップ	microchip
里親譲渡会	matchmaking event	水用の容器	water bowl
シニアネコ	old cat、senior cat	リード	leash（米） lead（英）

イラスト：トラノスケ /stock.adobe.com

2 ネコに関するいろいろな動作＜50音順＞

頭を～に擦り付ける	rub his/her head against...
(～に) 頭をぐいぐい押しつけてくる	press his/her head forcefully against...
甘噛みをする	nibble on... a little *e.g.* My cat nibbled on my hand a little but he did not really bite. (私のネコは軽く噛んだけれども本気で噛んだわけではない)
うんちする	poop ＊幼児語。名詞としても使う。
エサをあげる	feed
大きなあくびをする	make a big yawn
おしっこする	pee ＊幼児語。名詞としても使う。
肩にしがみつく	cling to one's shoulder
木 (塀) に登る	climb the tree(fence) ＊「木から下りる」は climb down (from) the tree。
キャットタワーの上で遊ぶ	play on the cat tower
口を大きく開けてあくびをする	yawn with its mouth wide open
毛づくろいをする	groom himself/herself
毛を舐める	lick its fur、lick itself
(～を) 玄関まで見送る	walk to the door with...
しつける	train
しっぽの付け根を掻いてあげる	scratch the cat at the base of his/her back、scratch the base of his/her tail
しっぽをふくらませる	puff up his/her tail
シャーッとうなる	hiss

ジャンプする	jump
スコ座りをする	sit in the Buddha position ＊ Buddha position とは、お尻を下につけて、後ろ足を伸ばした状態で座ること。
背を丸める	arch his/her back
跳躍する	leap
爪でひっかく	scratch with his/her claws
爪を切る	cut [trim] his/her claws
爪を研ぐ	sharpen his/her claws
肉球をもみもみする	massage cat's paw pads、 give one's cat a paw pads massage
ニャーと鳴く	meow
のどをゴロゴロ鳴らす	purr
排泄する	use the litter box
排泄物に砂をかける	bury his/her waste ＊ waste のかわりに poop（うんち）などが使われる。
鼻先をくっつける	stick his/her nose...
ふみふみをする	knead
へそ天をする	lie on his/her back、 show his/her belly
ペロペロと水を飲む	lap (up) the water
マイクロチップを埋め込む	implant a microchip、microchip（動）
目がまん丸になる	His/Her eyes [pupils] get big and round.
やさしく頭をなでる	gently stroke [pet] his/her head
両手でだっこする	hold one's cat in one's arms

3 ネコの性格を表す表現< 50音順>

遊び好きの	playful
甘えん坊の	spoiled、pampered、a spoiled boy [girl/cat]、needy He/She craves attention. He/She demands a lot of attention.
賢い	clever、smart
活発な	active
気まぐれな	fickle、capricious
好奇心旺盛な	curious
攻撃的な	aggressive
怖いもの知らずの	fearless
神経質な	skittish、nervous、high-strung
繊細な	sensitive
注意深い	careful
ツンデレの	sometimes cold (aloof) and sometimes affectionate (lovey-dovey)
のんびりした（おだやかな）	calm、gentle、affectionate
びびり (怖がりの、臆病な)	a fraidy cat、a scardy cat、a coward a chicken、easily frightened、 He/She is kind of a coward. He/She is afraid of a lot of things. He's easily frightened [scared].
やんちゃな	naughty、mischievous
用心深い	cautious

4 ネコの体のパーツや模様を表す表現 <アルファベット順>

airplane ears	イカ耳
back	背
back foot	後ろ足
back leg	後ろ脚
belly	おなか
bobtail	短いしっぽ
brown tabby	キジトラ
buttocks	お尻
calico	三毛　＊tricolorとも言う。
cat fangs	犬歯、牙
claws	爪
ear furnishings ear tufts	耳毛
flattened ears	イカ耳
folded ears	折れ耳
forefoot	前足（爪のある前の手）
forehead	額
foreleg	前脚
front foot	前足（爪のある前の手）
front leg	前脚
front paw	前足（爪のある前の手）
fur	毛

hind leg	後ろ脚
hind paw	後ろ足
iris	虹彩
kinked tail	かぎしっぽ
muzzle	マズル、鼻口部
odd eyes	オッドアイ（目の色が左右で異なる）
orange tabby	茶トラ
paw pads	肉球
pupil	瞳孔
rear foot	後ろ足
rear leg	後ろ脚
silver tabby	サバトラ
solid color	単色
stand-up ears	ピンと立った耳
straight ears	ピンと立った耳
tabby	しま模様
tail	しっぽ
tip of the nose	鼻の頭
toes	指
torso/trunk	胴体
tummy	おなか
whisker pads	ひげ袋
whiskers	ひげ

5 ネコに関わることわざ・慣用句<アルファベット順>

A cat has a nine lives.	なかなかしぶとい
Cat got your tongue?	なぜ黙っているの？
cat in the meal-tub	隠れている
cat nap	うたたね
cats and dogs	犬猿の仲
Curiosity killed the cat.	好奇心は身を滅ぼす
Even a cat may look at a king.	ネコだって王様を見てよい。つまり「どんなに身分の低い者にもそれなりの権利はある」ということ。
lead a cat-and-dog life	喧嘩ばかりして暮らす
let the cat out of the bag	うっかり秘密をもらす
like a cat on hot bricks	そわそわして、いらいらして落ち着かずに　＊ on hot bricks のかわりに、on a hot tin roof も使われる。
like something the cat brought [dragged] in	くたびれ果てて、薄汚れて ＊ brought のかわりに dragged も使われる。
like the cat that got the cream	ほしいものを手に入れて満足な様子で
no room to swing a cat	ネコの額ほどの狭い土地 ＊「ネコを振り回すほどのスペースがない」から。
not have a cat in hell's chance	～できる見込みはまったくない

play cat and mouse with...	～をもてあそぶ、なぶりものにする
put the cat among the pigeons	騒ぎを起こす、（秘密を暴露したりして）波乱を起こす
rain cats and dogs	土砂降りの雨が降る *e.g.* It's raining cats and dogs.（雨が激しく降っている）
see which way the cat jump	ことの成り行きを見守る
wait for the cat to jump	成り行きを見守る、静観する、日和見する　＊ see which way the cat jumps とも言う。
While [When] the cat's away, the mice will play.	鬼の居ぬ間の洗濯

Part 7

英語で もっと知りたい ネコの世界

人間に比べるとはるかに体の小さいネコですが、その体には不思議がいっぱい。ネコについてもっと知りたいと思う方へ、もうひとつの世界をどうぞ。

Unit 1 ネットで「ネコと英語」を楽しむ

YouTube や Instagram などでも「ネコと英語」を楽しめます。

YouTube ももと天空

大人気の「ももと天空」をご紹介。鹿児島の田舎で暮らす夫婦と柴犬の「もも」、黒猫の「天」、キジトラの「空（クー）」の家族が、自然と溶け合った暮らしをしている様子が紹介されています。人とイヌとネコのほのぼのとしたユーモラスな姿に癒されます。

外国人のファンのために、ところどころ「ママ」が作った英語の字幕が挿入されています。字幕を作るときには日本独自の文化（例えば「お盆」）や、「そわそわ」などのオノマトペをどう英語で表現するかが一番悩むところだそうです。英語の字幕をつけるようになって、アジアの視聴者からのコメントをくるようになり「やっぱり英語は世界共通語なんだ」と思ったとのこと。

「ももと天空」では 2012 年に柴犬ももちゃん（女の子）がご夫婦の家にやってきてから、現在に至るまでの 10 年にわたる膨大な量の映像を見ることができます。2015 年に天ちゃん、2019 年に空ちゃん（両方とも男の子）が加わって、にぎやかな暮らしになりました。

 110~115 ページの写真提供：「ももと天空」

\ 天ちゃんが初めてお家に来た日 /

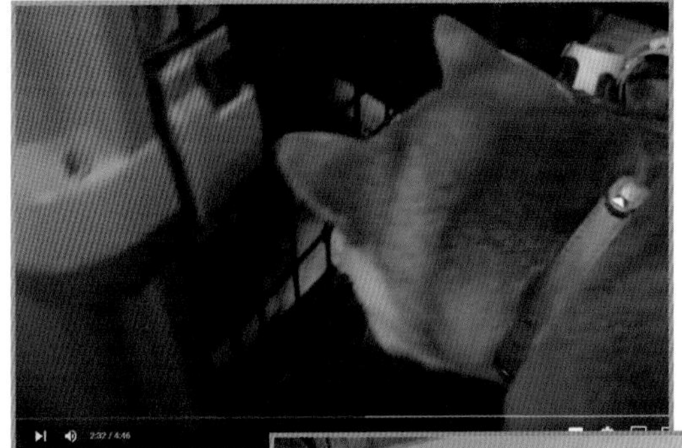

「黒猫の天・赤ちゃん時代」をまとめて見ることができます。

↑2015 年 6 月。天ちゃんが初めてお家にやってきた日。先住犬のももちゃんはケージの中に入った天ちゃんに興味津々

↑ケージを出た天ちゃん。ふらふらとお家を探索します。ももちゃんは飛びかかっていきたいのですが、お父さんが引き留めています。

はたして２匹は仲良くなれるのか…

Can they Really Live Together well?

興味津々のももちゃん、オッカナビックリの天ちゃんの距離は遠い･･･

空ちゃんが家族に迎えられるまで

「空がうちの子になるまで」をまとめて見ることができます。

↑以前、保護したことのあるご近所のみぃちゃんそっくりなキジトラが出没。うちに帰らないし、なぜか懐いてくる。ご近所に連れて行くとみぃちゃんではないという。

膝の上で甘える空ちゃん

そしてこの子は空(クー)と名付けた
We gave him a new name "Khoo"

飼い主さんがわからないこのネコをどうしたものか。警察で相談して保護。名前は空（クー）ちゃんに。

人懐っこく、まったくものおじしない空ちゃん。興味津々のももちゃん、知らんぷりの天ちゃんとの関係は、これからどうなる？

＼天ちゃんと空ちゃんが仲良くなるまで！／

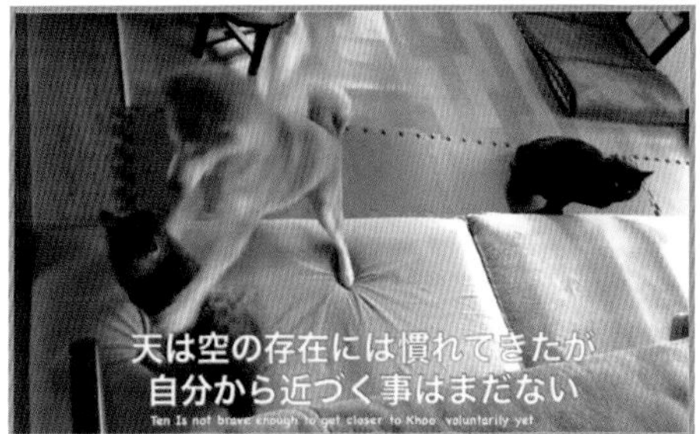

空ちゃんの存在には慣れたものの、まだ自分から近づくことができない天ちゃん。ももちゃんは空ちゃんとどんどんじゃれ合っている。

空ちゃんがちょっかいを出してきても無視する天ちゃん。

空ちゃんがちょっかいを出してきても、もう逃げなくなった天ちゃん。

じゃれ合うネコたちの傍でふたりを見守るももちゃん。

それぞれの距離感が絶妙な生活！

「みんなに好かれるタイプの人間」［後編］をまとめて見ることができます。

お父さんの背中に乗ってふみふみしている空ちゃん。イケメンですね。

みんなの視線を独り占めしたいももちゃんと、深く考えていそうで何も考えていない天ちゃん。

一箇所にかたまってはいるけれども、それぞれが好き勝手に過ごしている距離感が何とも言えません。

ももちゃんの 10歳の誕生日、天ちゃん空ちゃんにもご馳走をお裾分け。

「ももの10回目の誕生日。お祭り男の血が騒ぐ」を見ることができます。

ももちゃんは2022年に10回目の誕生日を迎えました。天ちゃんと空ちゃんも、ももちゃんの誕生日のご馳走をお裾分けしてもらいました。仲良し3人姉弟のほのぼのとした生活の様子は右の本で読むことができます。

『ももと天空　ほのぼの古民家暮らし』
（産業編集センター刊）

Unit 2 ネコについての豆知識

ネコについて知っておきたい６つの豆知識をご紹介します。

ネコの体がもつ資質と運動能力について

ヒトが初めてイエネコの祖先、リビアヤマネコと共存し始めたのは、およそ1万年ほど前、チグリス・ユーフラテス川流域のメソポタミア周辺だったと言われています。穀物を荒らすネズミを駆除したいという人間と、ネズミを獲物として狩りたいネコの利害が一致したからです。

ネコはヤマネコ、ライオン、トラ、ヒョウ、チーターなどと同じくネコ科の動物ですが、ネコのDNAのなんと95.6パーセントがトラと一致するということが近年わかったそうです。つまり、トラを初めとするネコ科の動物がもつ狩りの習性は、現在のイエネコに受け継がれているということです。

狩りの習性はネコの大きな特徴のひとつです。鋭い犬歯と爪を持ち、本気で走るとそのスピードは時速50キロ近くに達すると言います。ちなみに人間の世界記録を時速にすると45キロを下回ります。ネコの跳躍力もすごくて、1.5メートルくらいの高さを、4つ足の状態で助走なしで跳躍することができます。

左はリビアヤマネコ。私たちに身近なイエネコは、このリビアヤマネコから分岐したと考えられている。

 写真：Felis_silvestris_lybica/iStockphoto

ネコとトラの遺伝子は 95.6 パーセントが一致するという。

ときどき、トカゲやセミをくわえてきてプレゼントしてくれることがありますが、それは狩りの習性が残っているからです。ありがたく受け取ってこっそり処分しましょう。

夜間の狩りに最適化された感覚器官

ネコは夜間に狩りをすることを前提にした視覚、聴覚、臭覚をもっています。眼球の大きさは人間の眼球の直径が約25ミリであるとすれば、ネコは約22ミリ。ネコと人間の体の大きさの違いを考えるとネコの眼球の比重はかなり大きいと言えます。

夜になると、ネコの瞳孔は最大14ミリくらいまで開くと言われます。人間の瞳孔が開くのは最大8ミリくらいまでなので、光のないところでいかにネコの瞳が、光を取り込んで形を捉えようとしているかがわかるでしょう。

写真：mgkaya/iStockphoto

ネコは瞳孔の形を変化させて目の中に入る光の量を調節している。

ネコと一緒に寝ていると、ちょっとした動きにも敏感に反応してネコが起きて出ていってしまったという経験はありませんか？ネコは音や動きに非常に敏感に反応しますね。ヒゲも鋭敏な感覚器官です。また、ネコの聴力は人間のおおよそ5倍、臭覚は数万倍と言われます。

いずれも暗い夜に狩りをするときに光のない世界で、視力が効かなくても、少しの物音、少しの匂い、そして触覚という感覚器官をフル動員して獲物の存在をつきとめ、時速40キロ以上の猛ダッシュで獲物をねらって狩りをする体に本来はなっているのです。あなたの隣にいる小さな狩人、ネコはこんなにすごい能力を体の中に秘めているのです。ネコに対する見方が変わってきませんか。

古代エジプトにおいてネコは神だった

人とネコとの共存関係はメソポタミア周辺でネコを飼う習慣が始まったのをきっかけに広がり、エジプトにまで及んだようです。エジプトにおいて、ネコは家畜化されるとともに神格化さ

 写真：Dragos Cojocari/iStockphoto

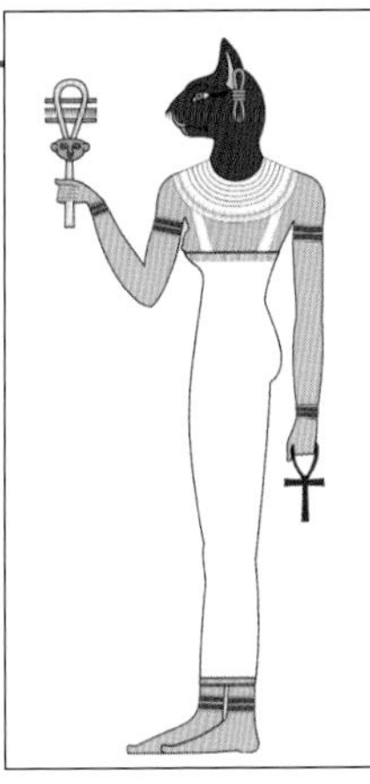

左：バステト神

上：エジプトでネコのミイラを収めるために作られたネコの置き物。

れ、大切に扱われるようになりました。エジプト神話にはバステト（Bastet）神という頭部がネコの女神が登場しました。ネコはバステトの聖なる獣とされ、地下墓地にミイラ化した状態で埋葬されてネコが多数見つかっています。

女神バステトの役割は長いエジプトの歴史の中で次第に変化していきました。初期には太陽神ラーの目として恐れられましたが、ファラオの守護者、人間を病気や悪霊から守る女神へと、その役割を変えていきます。さらに豊穣や性愛を司り、音楽や踊りを好み、家庭を守る神としての役割も付加されていきました。

その後、ローマ帝国が古代エジプトを征服し、今から紀元前1世紀ごろに勢力を拡大したことを機に、ヨーロッパやインドなどにもネコが広がり、中国にも伝わったのではないかと言われています。

ネコはなぜ十二支に入らなかったのか

これには諸説あります。そもそも十二支にネコが入っている国もあります。

(1) 昔話：間に合わなかったという説

神様が地上の動物を招き、先着順で十二支を決めることになりました。日頃からネコのことをよく思っていないネズミが、ネコ

イラスト：Gunawan Kartapra/iStockphoto

にわざと１日後の日付を伝えたため、約束の日に到着できずに、選考に漏れてしまったというのがよく聞く話です。地方によっては、神様に呼ばれていること自体、ネズミはネコに伝えなかったとするパターンもあるということです。

(2) 十二支ではネコと同じ仲間のトラのほうがネコよりも先に認知されていたから、トラが採用されて、ネコは採用されなかったという説。

(3) 十二支が作られたと言われる中国の殷の時代にはそもそもネコがいなくて、その存在が知られていなかったという説。

ちなみにタイやベトナム、チベットには十二支にはネコが入っています。

日本、中国、台湾、韓国の干支　ネズミ、ウシ、トラ、ウサギ、タツ、ヘビ、ウマ、ヒツジ、サル、トリ、イヌ、イノシシ

タイの干支　ネズミ、ウシ、トラ、ネコ、タツ、ヘビ、ウマ、ヒツジ、サル、トリ、イヌ、ブタ

ベトナムの干支　ネズミ、スイギュウ、トラ、ネコ、タツ、ヘビ、ウマ、ヤギ、サル、トリ、イヌ、ブタ

チベットの干支　ネズミ、ウシ、トラ、ネコ、タツ、ヘビ、ウマ、ヒツジ、サル、トリ、イヌ、ブタ

日本へはいつ入ってきたのか

長崎県壱岐市にあるカラカミ遺跡で、2011年、イエネコの骨が発掘されました。放射性炭素年代測定によると2100年くらい前のもので弥生時代にはイエネコが存在していたことがわかっています。

ネコの存在がはじめて書物に現れたのは、59代・宇多天皇の日記『寛平御記』（宇多天皇の日記）からです。宇多天皇は父親の光孝天皇から譲られた黒ネコを17歳で即位したあたりから飼っ

ていましたが、親バカならぬネコバカだったようで、食事も自分で与えるなど非常にかわいがっていたようです。

『天邪鬼な皇子と唐の黒猫』（渡辺仙州著　ポプラ社）
『寛平御記』の黒猫のエピソードにもとづく歴史ファンタジー。「倭国では、おれさまのようなのを「ネコ」とよぶらしい」で始まる。人語を話せる黒猫と定省（のちの宇多天皇）が主人公の奇想天外な物語。

日本特有の招き猫

日本独特のもので、縁起がいいものと言えば「招き猫」。英語で説明するときには、たとえば、下記のように言えるでしょう。

A manekineko is a small cat figure. It stands on its hind feet and raises a front paw to make a gesture of invitation. A manekineko symbolizes good luck and fortune. It is believed that the right front paw attracts money and the left front paw attracts customers.

招き猫は日本でよく見られる小さなネコの人形です。２本の後ろ足で立ち、片方の前足で招く仕草をしています。招き猫は幸運と富の象徴です。右前足を上げているネコはお金を招き、左前足を上げているものはお客さんを招くと言われています。

アメリカで作られているものは手の甲に当たる部分を前に向けています。これは手のひらを相手に向ける日本の招き方だと追い払う動作になって失礼だから、という文化の相違が原因だとされています。

Unit 3 ネコの出てくる物語を英語で読もう

ネコが印象的な形で登場する物語を読んでみましょう。

『不思議の国のアリス』
Alice's Adventures in Wonderland

Alice's Adventures in Wonderland: 150th Anniversary Edition (Coterie Classics) (English Edition) Kindle 版

本書は、イギリスで1865年に刊行された児童小説。ナンセンスな言葉遊びに満ちた内容や、ジョン・テニエルが描いた挿絵でも有名です。

チェシャネコと呼ばれる架空のネコが公爵夫人の飼いネコとして登場します。このチェシャネコの種類については諸説ありますが、挿絵からorange tabby(茶トラ)とも言われています。

右ページは第6章からの抜粋です。アリスが公爵夫人の家を出ると、木の上に突然、公爵夫人の家にいたチェシャネコが現れ、アリスに帽子屋と三月ウサギの家の方向を教えた後、「猫のない笑い (a grin without a cat)」となって消えていく場面です。ここではチェシャネコは3回現れたり消えたりします。

第8章でもこのネコは胴体がなく頭だけの姿で現れます。

第6章からの抜粋

アリスが公爵夫人の家を出ると公爵夫人の飼いネコのチェシャネコが突然木の上に現れてニヤリと笑った。

...when she was a little startled by seeing the Cheshire Cat sitting on a bough of a tree a few yards off.

The Cat only grinned when it saw Alice. It looked good-natured, she thought: still it had VERY long claws and a great many teeth, so she felt that it ought to be treated with respect.

'Cheshire Puss,' she began, rather timidly, as she did not at all know whether it would like the name: however, it only grinned a little wider. 'Come, it's pleased so far,' thought Alice, and she went on. 'Would you tell me, please, which way I ought to go from here?'

'That depends a good deal on where you want to get to,' said the Cat.

'I don't much care where—' said Alice.

'Then it doesn't matter which way you go,' said the Cat.

'—so long as I get SOMEWHERE,' Alice added as an explanation.

'Oh, you're sure to do that,' said the Cat, 'if you only walk long enough.'

Alice felt that this could not be denied, so she tried another question. 'What sort of people live about here?'

'In THAT direction,' the Cat said, waving its right paw round, 'lives a Hatter: and in THAT direction,' waving the other paw, 'lives a March Hare. Visit either you like: they're both mad.'

'But I don't want to go among mad people,' Alice remarked.

<中略>

'You'll see me there,' said the Cat, and vanished.

<中略>

'I thought it would,' said the Cat, and vanished again.

<中略>

'Did you say pig, or fig?' said the Cat.

'I said pig,' replied Alice; 'and I wish you wouldn't keep appearing and vanishing so suddenly: you make one quite giddy.'

'All right,' said the Cat; and this time it vanished quite slowly, beginning with the end of the tail, and ending with the grin, which remained some time after the rest of it had gone.

'Well! I've often seen a cat without a grin,' thought Alice; 'but a grin without a cat! It's the most curious thing I ever saw in my life!'

第8章からの抜粋

女王のクロケーの試合で言い争いが起きる中、胴体のないチェシャネコの頭だけが、突然空中に現れ、ニヤリと笑った。

She was looking about for some way of escape, and wondering whether she could get away without being seen, when she noticed a curious appearance in the air: it puzzled her very much at first, but, after watching it a minute or two, she made it out to be a grin, and she said to herself, 'It's the Cheshire Cat: now I shall have somebody to talk to.'

'How are you getting on?' said the Cat, as soon as there was mouth enough for it to speak with.

Alice waited till the eyes appeared, and then nodded. 'It's no use speaking to it,' she thought, 'till its ears have come, or at least one of them.' In another minute the whole head appeared, and then Alice put down her flamingo, and began an account of the game, feeling very glad she had someone to listen to her. The Cat seemed to think that there was enough of it now in sight, and no more of it appeared.

『黒猫』 *The Black Cat*

Edgar Allan Poe（エドガー･アラン･ポー）著
VOA Learning English 作成。
原作を VOA でリトールドしたものが、「コスモピア e ステーション」読み放題コンテンツのひとつとして登録されている。

ここで紹介するのはアメリカの作家Edgar Allan Poeが1843年に発表した代表的な短編*The Black Cat*のリトールド版。

主人公は動物好き。さまざまなペットを飼って、やはり動物好きの妻と一緒にかわいがっていました。特に美しいプルートと名付けられた美しい黒猫は彼のお気に入りでした。しかし、次第に酒に溺れるようになった彼は、動物たちを虐待し始め、その魔の手はプルートにも及びます……

右ページの英文はVOALearning Englishが作成したもので、下記のサイトから音声付きで読むことができます。

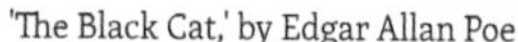

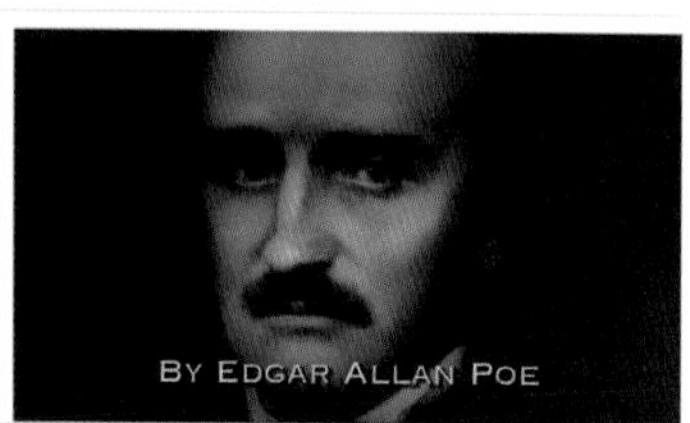

Tomorrow I die. Tomorrow I die, and today I want to tell the world what happened and thus perhaps free my soul from the horrible weight which lies upon it.

But listen! Listen, and you shall hear how I have been destroyed.

When I was a child, I had a natural goodness of soul which led me to love animals — all kinds of animals, but especially those animals we call pets, animals which have learned to live with men and share their homes with them. There is something in the love of these animals which speaks directly to the heart of the man who has learned from experience how uncertain and changeable is the love of other men.

I was quite young when I married. You will understand the joy I felt to find that my wife shared with me my love for animals. Quickly she got for us several pets of the most likeable kind. We had birds, some goldfish, a fine dog, and a cat.

The cat was a beautiful animal, of unusually large size, and entirely black. I named the cat Pluto, and it was the pet I liked best. I alone fed it, and it followed me all around the house. It was even with difficulty that I stopped it from following me through the streets.

Our friendship lasted, in this manner, for several years, during which, however, my own character became greatly changed. I began to drink too much wine and other strong drinks.

As the days passed I became less loving in my manner; I became quick to anger; I forgot how to smile and laugh. My wife — yes, and my pets, too, all except the cat — were made to feel the change in my character.

『海辺のカフカ』
Kafka on the Shore

村上春樹・著
Philip Gabriel・訳
Vintage Books

15歳の少年カフカが主人公。カフカは家出をして香川に向かいます。

一方、カフカとはまったく関係がないところで、知的障がいがあるけれども、ネコと話せるナカタさんという男性が近所の人からゴマちゃんというネコ探しを頼まれます。

ナカタさんはゴマちゃん探しの途中で、カワムラさんと、ミミというネコに出会います。

右の英文はそのシーンの抜粋で、ナカタさんとネコの会話やネコたちの動作が描かれています。

この物語の中では、この後、ネコが謎の人物ジョニー・ウォーカーに捕らわれます。そこで物語の転換点とも言える事件が起きるのです。

主人公ではないけれども、小説の中で重要な役割を果たすネコたちの様子を読んでください。

本書は、一度『海辺のカフカ』を日本語で読まれた方が、原書に挑戦するときにもおすすめです。

…Totally blithe to it all, Kawamura lifted a rear leg and gave the spot just below his chin a good scratch.

Just then Nakata thought he heard a small laugh behind him. He turned and saw, seated on a low concrete wall next to a house, a lovely, slim Siamese looking at him with narrowed eyes.

"Excuse me, but would you by chance be Mr Nakata?" the Siamese purred.

"Yes, that's correct. My name's Nakata. It's very nice to meet you."

"Likewise, I'm sure," the Siamese replied.

"It's been cloudy since this morning, but I don't expect we'll be seeing any rain soon," Nakata said.

"I do hope the rain holds off."

The Siamese was a female, just approaching middle age. She proudly held her tail up straight, and had a collar with a name tag. She had pleasant features and was slim, with not an ounce of surplus fat.

"Please call me Mimi. The Mimi from *La Bohème*. There's a song about her, too: 'Mi chiamano Mimi'."

"I see," Nakata said, not really following.

"An opera by Puccini, you know. My owner happens to be a great fan of opera," Mimi said, and smiled amiably. "I'd sing it for you, but unfortunately I'm not much of a singer."

"Nakata's very happy to meet you, Mimi-san."

"Same for me, Mr Nakata."

Mr. Putter & Tabby シリーズ

Cynthia Rylant・著
Arthur Howard・イラスト
Houghton Mifflin Harcourt

1954年、アメリカのウエストバージニア州に生まれたシンシア・ライラントは、数多くの子ども向けの作品を書いています。Mr. Putter & Tabbyシリーズは25タイトル刊行されています。語数も500語～900語くらいで、読みやすいシリーズです。

Putterさんは、紅茶を入れて飲むときにも、温かいマフィンを食べるときにも、ひとりぼっちだった暮らしに飽きて、ネコを飼いたいと思います。動物保護センターで、茶トラのおばあさんネコと出会い、引き取りTabbyと名付けます。ひとりぼっちだったPutterさんの生活にTabbyはなくてはならない相棒になります。

老人とおばあさんネコの心温まるお話です。

すべての見開きの中に、楽しいイラストが入り、そのなかに英文が2、3センテンス、入っています。使われている語彙もやさしく、読みやすいシリーズです。

A Catwings Tale シリーズ

Catwings

Catwings Return

Ursula K. Le Guin・著
S. D. Schindler・イラスト
Orchard Books

作者の アーシュラ・K・ル＝グウィン(1929-2018) はSF、ファンタジー作家で、『ゲド戦記』で有名です。

A Catwings Tale シリーズ、*Catwings*、*Catwings Return*、*Wonderful Alexander and the Catwings*、*Jane on Her Own*の4作品は、村上春樹の手によって、第一作の『空飛びねこ』をはじめすべて翻訳されています。

ジェーン・タビーが産んだ4匹の子ネコたちにはなんと翼がありました！　ジェーンお母さんは翼のある4匹のネコが生きていくため、どのように巣立ちをさせるのでしょうか。

Wonderful Alexander and the Catwings

CHAPTER 1

THE FURBY FAMILY lived in great luxury. They had a fine house in the country, with a fireplace, feather beds, and a cat door. The Caretaker fed them delicious meals twice daily and dropped tidbits for them when she was cooking. On weekends the Owner came in a little red car and stayed a night or two, and petted them, and gave them treats of sardines to eat and catnip mice to play with.

Mr. Furby was quite stout, and slept a good deal. Mrs. Furby, whose mother was a Persian, had an exceptionally beautiful, long, silky, golden coat. The Furby children were all very plump and lively—especially Alexander.

Alexander was the oldest kitten, the biggest, the strongest, and the loudest. His little sisters were quite tired of him. He was

三作めの *Wonderful Alexander and the Catwings* はチャプターブックになっています。その最初の見開きです。

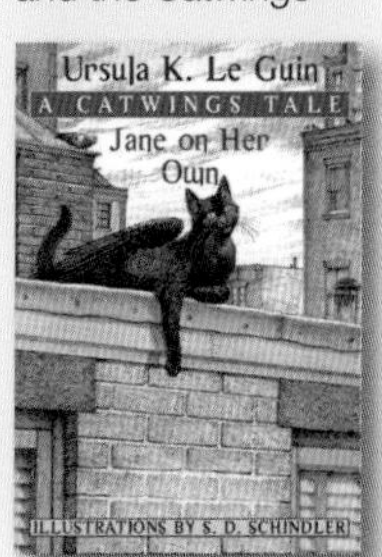

Jane on Her Own

英語で 読んでみたい ネコが出てくる 絵本・物語

ここでは、ネコが出てくる絵本、リトールドもの、語数が少なく読みやすい英語の学習用のリーダー、そして読み応えのあるオリジナルの作品などを紹介します。

『吾輩は猫である』 *I Am a Cat*

夏目漱石・著　R. F. Zufelt・英文作成
IBC パブリッシング・刊　ラダーシリーズ

I am a cat. I have, as yet, no name. Where I was born? I have no idea. I only remember crying in a dark, wet place. と、物語はネコの一人称で始まる。このリーダーは総語数 5,940 だが、使用語数は 1,300 語で読みやすい。

『長靴をはいた猫』 *Puss in Boots*

Charles Perrault・原作　Silayan Casino・リトールド
Happy House・刊　Happy Readers シリーズ

フランスのペローの童話『長靴をはいた猫』をやさしく書き直したシリーズは結構ある。ここで紹介するのもそのひとつ。Happy Reader シリーズの中でも、一番やさしい Basic レベルで、使用語数 250 語で読める。

My Cat Likes to Hide in Boxes

Eve Sutton・作
Lynley Dodd・絵　Puffin・刊

ネコは本当に箱の中に入るのが好き。この絵本ではさまざまな国の好奇心が旺盛なネコと、いろいろな箱の中に隠れることが好きなネコが交互に出てくる。Fr<u>ance</u>, D<u>ance</u> のように国の名前と好きなことが同じ音で終わる（ライミングする）面白さを楽しんでみよう。

Katje the Windmill Cat

Gretchen Woelfle・作
Nicola Bayley・絵
Walker Books・刊

Nico と平和に暮らしていたネコの Katje だが、Nico がお嫁さんをもらい、赤ちゃんが産まれると、邪魔者扱いされて家から追い出され、風車小屋に住むようになった。ある日、村が洪水に襲われ……。洪水でネコと赤ちゃんが生き延びた実話に基づく物語。936 語。

Dolores and the Big Fire

Andrew Clements・作
Ellen Beier・絵
Simon Spotlight・刊　Ready -to-Read シリーズ

語数が 482 語の学習用絵本。ひとり暮らしの男が気ままな子ネコを飼い始めた。ある夜、飼い主が眠った後、異変が起きた。何かおかしいと気づいた子ネコの Dolores は寝ている飼い主の上に飛び乗り起こそうとするが……。

Charlie Anderson

Barbara Abercrombie・作
Mark Graham・絵
Margaret K. McElderry・刊

Charlie はふかふかした毛をもつ灰色のネコ。ある夜、エリザベスとサラの姉妹の家にやってきた Charlie はふたりと過ごすようになる。しかしある嵐の夜、Charlie はいなくなってしまう。Charlie の秘密とは？

Sam the Cat: Detective

Linda Stewart・作
Nicola Bayley・絵
Cheshire House Books・刊

ネコの Sam が主役のハードボイルド探偵もの。本書は三部作の第 1 作目。ハードボイルドミステリのパロディが満載。主役がネコなので on the other hand が on the other paw になっているのが愉快。2 万語を超す語数。

ネコについての英語、ネコの写真から触発される英語が学べる本

『起きてから寝るまでネコ英語表現』

監修：吉田研作、株式会社アルク出版編集部・編
アルク・刊　1500円＋税　160ページ
全ページ2色

「朝」「昼間」「家族・仲間」「健康管理」「スマホ・PCライフ」「夜」に分け、単語編、体の動き、つぶやき、Quick Checkの4つのパートに従い英語を紹介。巻末には「今時のネコ英語表現集」として、ネコ・ハッシュタグで多い表現やスラングが紹介されている。

『ねこたん　ねこの英単語』

ジャパンタイムズ・編　ジャパンタイムズ・刊
1300円＋税　144ページ　全ページカラー

「ねこのからだ」「ねこの種類」「ねこのしぐさ」「ねこのいるところ」「ねこのお気に入り」「ねこことば」に分けて、ネコ特有の「前足でもむ」「毛づくろいをする」などにあたる英語の単語がついている。最後に「見た目」「性質」「性格」の表現リスト付き。

『ニャングリッシュネコのつぶやき英会話』

英語監修：Neil R Bell-Shaw、講談社・編
講談社・刊　1100円＋税　92ページ
全ページカラー

ネコの印象的な写真に合わせて、その写真から想像できる、あるいは触発されるようなつぶやきや、会話の英語表現が示されている。たとえば、2匹のネコが抱き合う写真の隣には、Thank you for your support today.（今日もそばで助けてくれてありがとね）といった具合。

ネコの本に出会える本屋

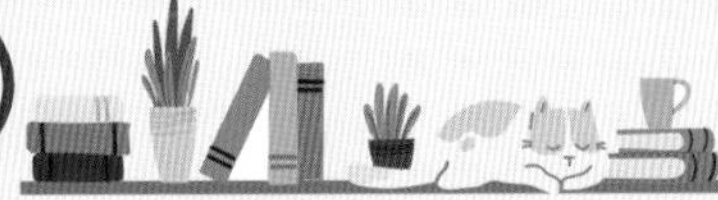

Cat's Meow Books

ネコの本だらけのネコの本専門の本屋さんが、東京・世田谷区の静かな住宅街の一角にあります。「猫がいる猫本専門店」Cat's Meow Books です。店内には、所狭しとネコの本がビッシリ並んでいます。

奥の売り場では、寝ていることが多いですが、元保護ネコの店員さんにも会うことができます。

また、店内ではドリンクも提供しているので、あまりに魅力的なネコの本のどれを選ぼうか迷ったときには、ビールやコーヒーを飲みながら、ゆっくりと本を選ぶこともできます。思わずたくさんの本を手にとって買ってしまうかもしれません。

売上の１割を保護猫団体へ寄付しているという店主の安村正也さんが、資金の一部をクラウドファンディングでまかないながら、この Cat's Meow Books を開店した経緯は、『夢の猫本屋ができるまで　Cat's Meow Books』（井上理津子・著 、安村正也・協力　ホーム社発行）に詳しく書かれています。

店内に並んだネコの本

Twitter

Cat's Meow Books
〒154-0023 Tokyo 世田谷区若林 1-6-15
https://twitter.com/CatsMeowBooks

ねぇねぇ　なぁに？
ねこネコ英語

2023年1月5日発行　第1版第1刷発行

コスモピア編集部編
校閲：高橋清貴
英文校閲：Sonya Marshall、Sean McGee

表紙写真：Andypott/iStockphoto
装丁：松本田鶴子

発行人：坂本由子
発行所：コスモピア株式会社
〒151-0053　東京都渋谷区代々木4-36-4　MCビル2F
営業部：TEL:03-5302-8378　email: mas@cosmopier.com
編集部：TEL:03-5302-8379　email: editorial@cosmopier.com
https://www.cosmopier.com/
https://e-st.cosmopier.com/
https://www.kids-ebc.com/

印刷：シナノ印刷株式会社

本書へのご意見・ご感想をお聞かせください。

本書をお買い上げいただき、誠にありがとうございます。

今後の出版の参考にさせていただきたいので、ぜひ、ご意見・ご感想をお聞かせください。（PC またはスマートフォンで下記のアンケートフォームよりお願いいたします）

アンケートにご協力いただいた方の中から抽選で毎月 10 名の方に、コスモピア・オンラインショップ（https://www.cosmopier.net/）でお使いいただける 500 円のクーポンを差し上げます。（当選メールをもって発表にかえさせていただきます）

https://forms.gle/2yPYfAs7EEkVWToi7

https://e-st.cosmopier.com/

＊2022年11月時点。コンテンツは毎月増えていきます。

※ 左ページ掲載のサービスの料金、内容は予告なく変更されることがあります。 最新の情報は上記サイトでご確認ください。

全タイトル音声付き

世界文学のリライトや、カルチャー情報など。
ノンフィクションやビジネス書も多数。

音声録音機能付き

日々のニュース、スターのインタビュー、ネイティブのなま会話など、音声を使ってシャドーイングしよう！

セットコース

聞き放題コース、読み放題コースの両方がご利用いただけるお得なセットコース

読む

＋

聞く

毎月 **990**円（税込）

いつでもどこでも英会話レッスン!

・今すぐレッスン（回数無制限）　・1レッスン25分

レッスンはPC、スマートフォン、タブレットで受講可能

■ご利用には「ネイティブキャンプ」へ登録が必要となります。

話し放題特設ページはこちら

＊「未来の教室」URL　https://www.learning-innovation.go.jp/

英語の絵本クラブ

https://www.e-ehonclub.com

英語の絵本クラブでは、良質な英語絵本を多数ご紹介します。
絵カードやゲームなどのダウンロード素材がご利用いただけるほか、
読み聞かせのお手本動画もご覧いただけます。

ねこの絵本もたくさん！

◀アルファベット順絵本リスト
全タイトルの立ち読み、CD 試聴ができます。
各タイトルの表紙をクリックしてください

子どもと英語の最良の出会い、CD付き絵本で始めよう！

押韻の世界の楽しさが続く

My Cat Likes to Hide in Boxes

フランスのネコはダンスが好き、スペインのネコはエアプレインが好きと、世界各地のネコが韻を踏んで登場します。各国の特徴あるネコたちに比べて、わたしのネコはただただ箱に隠れるのが好きなのです。さて日本のネコは何が好きなのでしょうか。

文 : Eve Sutton
絵 : Lynley Dodd
ソフトカバー絵本 32 ページ
＋ CD27 分 40 秒／
語数 299 ／
価格 2,090 円（税込）
JY035

ピートと一緒に引き算の練習をしよう
Pete the Cat and His Four Groovy Buttons

ネコのピートはボタンが自慢。お気に入りのシャツには４つのカラフルでかっこいいボタンがついています。でもボタンがひとつ飛んでしまって、残りはいくつ？ ボタンがひとつずつ減っていってもピートは泣くこともなく、ロックを歌い続けています。

文 : Eric Litwin
絵 : James Dean
ハードカバー絵本 34 ページ
＋ CD10 分 53 秒／語数 281
価格 2,530 円（税込） TP087

ネコのピートはロックが大好き
Pete the Cat I Love My White Shoes

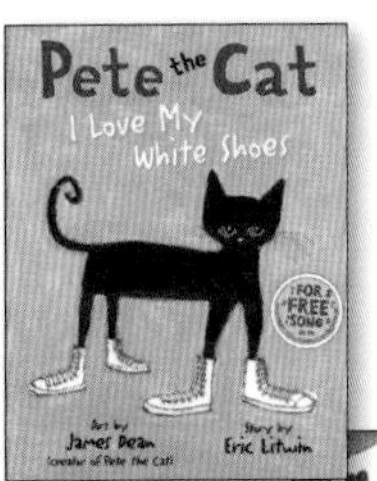

真っ白な新しい靴を履いて、通りを歩きながらロックを歌うピート。♪ I love my white shoes ♪。ところがピートはイチゴの山に足を踏み入れてしまい、靴が真っ赤になりました。しかし、気にする様子もなく歌い続けます。♪ I love my red shoes ♪

文 : Eric Litwin
絵 : James Dean
ハードカバー絵本 32 ページ
＋ CD32 分 35 秒／語数 271
価格 2,530 円（税込） TP064

学校でもロックを歌い続けるピート
Pete the Cat Rocking in My School Shoes

ネコのピートはロックンローラー、いつもクールにキメています。今日はスクールバスに乗ってみんなと一緒に学校へ。そして、図書室で本を読むときも、図工の時間も、算数の時間も、いつもロックンロールを歌っています。♪ I'm reading in my school shoes ♪。

文 : Eric Litwin
絵 : James Dean
ハードカバー絵本 36 ページ
＋ CD38 分 25 秒／語数 319
価格 2,530 円（税込） TP065

エリック・カールの人気絵本

Have You Seen My Cat?

飼いネコがいなくなってしまい、男の子は世界中のあちこちを探して回ります。現地のひとが指さす先には、ライオン、トラ、チータ、ピューマ、ジャガーなど、いろいろなネコ科の動物が……。CDにはそれぞれのリアルな鳴き声の効果音が入っています。

文・絵：Eric Carle
ソフトカバー絵本 30 ページ
＋CD20 分 22 秒／語数 93
価格 2,090 円（税込）
TP014

『ジャックと豆の木』に憧れるネコ

Jasper's Beanstalk

月曜日に一粒の豆を拾ったネコのジャスパーは、火曜日にその豆を植えました。水曜日には水をやり、農具の用意も万端、夜になるとナメクジやカタツムリを退治してと、その世話は本格的。でも1週間経っても芽の出ない豆に、とうとうしびれを切らしてしまいます。

文・絵：Nick Butterworth
& Mick Inkpen
ソフトカバー絵本 28 ページ
＋CD30 分 03 秒／語数 92
価格 2,090 円（税込） JY088

ネコの好きなものは？

This Little Cat

白いネコはサカナを食べるのが好き、トラネコはひなたぼっこが好き、灰色のネコは毛糸玉で遊ぶのが好きと、ネコはそれぞれ好きなことが違うのです。ページが少しずつカットされていき、最後にあっと驚くトラの縞模様ができあがります。

文・絵：Petr Horacek
ボードブック絵本 14 ページ
＋CD11 分 06 秒／語数 61
価格 2,090 円（税込） TP036

ミャオミャオの歌が何ともかわいい！

Scaredy Cats

末っ子の青色と黄色の小ネコは初めてのお使いを頼まれました。お母さんの指示を聞いて張り切って街をめざしますが、途中の森には、それはそれは恐ろしいものがたーくさんいて。ドラマ仕立ての CD からは、小ネコたちの迫真の怖がりぶりが伝わってきます。

文・絵：Audrey Wood
ソフトカバー絵本 32 ページ
＋ CD28 分 55 秒／語数 892
価格 2,090 円（税込） JY046

イソップ物語『ネズミの相談』が英語劇になった！

The Cat and the Bell [RA]

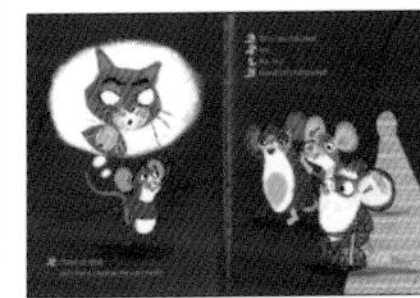

ネコにおびえて暮らすネズミたち。ある日、一番小さいネズミが「ネコの首に鈴をつけよう」とアイデアを出しました。問題は誰がどうやってつけるか。小さいネズミの奮闘が始まりました。

ドラマブック 34 ページ＋ワークブック 38 ページ＋ CD45 分 02 秒＋デジタル CD ／語数 360 ／価格 2,145 円（税込） RA035

ご注文方法

●オンラインショップ ※お支払い方法はクレジットカード払いです

https://www.cosmopier.net/

●お電話・FAX・メール ※お支払方法は商品と一緒に郵便局の払込用紙をお送りいたします

TEL: 03-5302-8378 (9:00-17:00 土日祝を除く)

FAX: 03-5302-8399

e-mail: mas@cosmopier.com

■ 表示価格は税込です。 ■ 2,200 円（税込）以上のご購入で送料無料です。未満の場合は原則として 200 円（税込）の配送手数料が加算されます。 ■ お申込受付から3～4営業日でお届けいたします。お届けは郵送または宅配便になります（送付方法を承ることはできませんのでご了承ください） ■ 配送先は日本国内のみです。

●商品の特質上、発送後の返品および交換は承っておりません。不良品は送料小社負担で交換させていただきます ●直輸入品のため、品切れの場合は次回入荷予定日をお知らせいたします ●輸入絵本は予告なく装丁が変更されたり絶版になる場合があります。また諸事情により価格が改定になる場合もあります。あらかじめご了承ください。●最新情報はオンラインショップのサイトでご確認いただけます